如今，科技令恐龙冲破了博物馆展厅的橱窗，冲出了油画的画布——在孩子们热切的目光中，大人们的惊叹声中和古生物学家们的审视中——重获新生。随着越来越多的化石被发现，科学家们对恐龙生理构造的了解逐渐详尽，对其生物习性的推断也越加准确。然而，每一个答案后面，都引出了无数个新的问题。恐龙引领我们踏上这充满奇趣的穿越之旅，吸引着我们越来越深入地了解它们，启发我们去探寻关于它们的真相……尽管有些秘密，我们可能永远无从得知。

# 目录

献给我的儿子克莱芒，
愿在你的眼中总能看到惊叹和赞赏。

发现之旅

# 逝去的恐龙世界

让－盖伊·米洽德 著
谈佳 译

吉林出版集团股份有限公司 ｜ 全国百佳图书出版单位

在过去，教科书一度将恐龙描述为"进化失败"的典型代表，
然而事实远非如此。
实际上，恐龙时代是地球生命史上一个空前绝后的阶段。
人们在欧洲、亚洲、非洲、美洲和澳大利亚
都发现过恐龙化石，
古生物学家根据现有的化石暂时把恐龙划分为50多个科。
关于这些消失的蜥形纲动物，
还有太多值得我们探索的奥秘，
我们可以从纠正错误观念开始。

# 第一章
## 令人赞叹的多样性

只有对恐龙的解剖
构造了如指掌，才能按实
际大小将它们还原，再现
它们的原貌，在这个过程
中，人们有时也会无比大
胆地虚构和想象。

在史前动物中，恐龙占据着首屈一指的重要地位。它们尽管已在地球上消失了千百万年，却依然震撼着孩子和大人们的想象世界。如今，已经几乎没有人会把恐龙看作古怪可怕、又大又蠢的怪兽了。恰恰相反，整个中生代已知的恐龙有600～700种，它们不仅形态样貌各异，而且在环境适应能力上也各怀绝技，这让所有人为之着迷，不论是恐龙专家还是普通大众。

1859年，德国凯尔海姆市附近的石灰岩采石场发现了第一个美颌龙标本。由于沉积物的细度很高，标本得以完好保存。

## 小巧与庞大并存，两脚与四足兼有，食肉与吃草共生，这就是让人眼花缭乱的恐龙世界……

虽说在这颗星球的大地上行走过的所有动物中，恐龙的体形首屈一指，但并非所有恐龙都是庞然大物。生活于侏罗纪末期的美颌龙是一种小型双足恐龙，体形相当于公鸡那么大。这种小型肉食性恐龙有一条长尾巴，但从吻端到尾尖，也长不过1米，体重仅几千克而已。相对而言，身材庞大的四足植食性恐龙似乎更符合人们对恐龙的传统印象——譬如腕龙，它的身体长达25米，重达60吨。但即便是腕龙这样的重量级选手，也不是最大最重的恐龙。1972年和1979年，人们相继发现了超龙和极龙，刷新了对"庞然大物"的认知。尽管目前极龙被发现并确认的只有一个前肢，但科学家们据此推测，它的体长很可能超过30米，体重估计可达135吨。这是一种足以撼动大地、同时也足以令人的想象力为之震撼的体形——要知道，成年大象的平均体重也不过5吨而已。在极龙和美颌龙这两个极端之间，恐龙家族中还演化出许许多多令人

难以置信的形态，从身姿敏捷、体重不足 100 千克的奔跑型食草或食肉双足恐龙，到身上长满骨质凸起或面部长有骇人犄角、重达数吨的笨重的行走型四足恐龙，千奇百怪的恐龙层出不穷，令整个中生代生机勃勃。

## 在称霸地球的 1.5 亿年间，恐龙从未停止演化

恐龙以多种多样的方式适应着环境带来的种种

这是库纳特的一幅早期作品。很难想象伤龙（1866 年爱德华·德林克·科普曾将之命名为"暴风龙"，1877 年马什为这一兽脚亚目恐龙进行了重新命名，因为已经有一种昆虫用了"暴风龙"当作学名）单枪匹马就能够伤害像迷惑龙（它真正的学名是雷龙）这样的庞然大物。现在看来，伤龙这种兽脚亚目恐龙更可能是成群结队地捕捉猎物，攻击一些形单影只的动物。

束缚，在末代恐龙身上已经几乎找不到
早期恐龙的影子。最久远的恐龙化石可以
追溯到距今约 2.2 亿年的三叠纪末期，
但由于遗骸数量极少且过于零散，
科学家们无法详细了解原蜥脚类恐
龙和被归为"虚骨龙"的肉食性小恐龙这两个当时最
主要的种群代表的准确起源。原蜥脚类恐龙在侏罗纪
初期便很快绝迹了，它们惨遭淘汰很可能是由在这一
时期生物形态激增造成的。要等到白垩纪中叶——一

个新的地质时期，才能再次看到鸭嘴龙或角龙这样的恐龙种群出现。正如生命史上反复发生、不断上演的桥段，新来者占据了消亡者的生态位。因此，恐龙并不是一个整体，每一种恐龙代表的是其种属在演化史中的地位和影响。不同种属的恐龙迭代更替，经历的命运大相径庭。然而，在距今 6550 万年的白垩纪末期，这些当之无愧的"中生代霸主"却遭遇了灭顶之灾。

## 中生代的动物林林总总，爬行动物是不容置疑的王者

　　恐龙被认为是"中生代霸主"，但并不是生活在那个时期的唯一动物。与恐龙共存在同一片大地上的，还有很多爬行动物，其中一些动物的后代仍生活在今天的大自然中，看上去与其久远的祖先几乎没有什么差别，乌龟和鳄鱼便是典型代表。喙头目在三叠纪到白垩纪曾是极为兴盛的爬行种群，然而如今，喙头目的唯一后代却仅见于新西兰的几座小岛上——那就是楔齿蜥。中生代的天空和海洋并不是空空荡荡、了无生趣的。人们常把翼龙误认作恐龙，实际上它们是会飞的爬行动物。翼龙是勇于开拓天空的脊椎动物先驱，但它们大多数仅限于滑翔，而不是像鸟类那样振翅高飞。中生代的海洋中，也生活着形形色色的爬行动物：鱼龙的身躯呈流线型，蛇颈龙则长得像是"从酒桶

翼龙化石的发现使得解剖学家很早便能将这种像鸟一样浑身长毛的动物与其他爬行动物区分开来。

查尔斯·奈特在这幅图（左页下）中描绘了侏罗纪晚期的场景，展现了苏铁类植物盛行的年代共同生活的三种迥然不同的动物类型，它们分别是以体形较小的美颌龙为代表的兽脚亚目恐龙，以始祖鸟和喙嘴龙为代表的能够飞行的爬行动物。

马克·哈利特的这幅图展现了澳大利亚白垩纪早期的恐龙，我们可以从中辨认出几大类型。近景是一只小闪电兽龙，它的右边是两只木他龙——双足食草恐龙的代表；中景呈现了三只身着硬甲的恐龙，属甲龙类，却有着很温柔的名字——敏迷龙；远景出现了庞大的蜥脚亚目恐龙，它们是四足食草恐龙的代表。图中还能看到两只长着利爪和尖牙的食肉恐龙，一只是盗龙，正忙着驱赶两只前来抢食的飞行爬行动物，另一只名叫彩蛇龙（近景左侧），体态更为纤细，属于虚骨龙类。

中钻出来的蛇", 沧龙的双腭恐怖骇人, 但它们其实不过是适应了水生环境的巨大蜥蜴罢了。中生代的动物世界热闹极了, 纷繁多样的昆虫、甲壳动物、鱼类及两栖动物在同一片天空下生生不息。其中当然也少不了哺乳动物, 它们是二叠纪爬行哺乳动物的后代, 身形娇小, 大小与老鼠差不多。这些哺乳动物在恐龙的庇护下繁衍生息, 等待着属于自己的辉煌时代。

## 想想看, 如果人类不是哺乳动物, 而是恐龙的后代……

在科幻小说和电影中, 恐龙从来都是令人不忍错失的重要题材, 尽管有时它们被描述得驴唇不对马嘴。但当科学家们把不同的东西进行大胆拼凑的时候, 往

中生代时期的海洋爬行动物常常被误认作恐龙。但实际上它们具有十分独特的解剖构造, 因此古生物学家很早便认出它们并不是恐龙。19世纪至20世纪初, 鱼龙和蛇颈龙打斗较量的场面是插画绘者们最钟爱的主题之一。图中的这些动物多少都被赋予了一些虚构的特征, 比如羽冠、叉形舌头或者突出的眼球, 给人一种凶猛和残暴的感觉, 极其符合人们想象史前怪物的形象。

往会呈现出令人惊奇的画面。如果6550万年前，恐龙并没有从地球上绝迹，它们今天会进化成什么样子呢？1982年，戴尔·A.罗素和R.赛甘两位科学家进行了一项奇特的实验。他们对加拿大艾伯塔省发现的伤齿龙进行了复原。伤齿龙是生存于白垩纪前期的一种小型肉食性恐龙，脑容量非常大，稍有前凸的眼睛使它拥有立体视野，它双足奔走，双爪具握持力，这些特征都说明伤齿龙已经进化得相当完备。接着，科学家以此为依据，进一步设想它不断进化，最终皮质化系数与人类相当，这样，就"诞生"了一种被命名为"恐龙人"的假想生物，科学家们还用科学方法论证了其全部体貌特性。这样看来，最后一只恐龙和最初的人类之间相隔了6000多万年，真不知是好事还是坏事。

楔齿蜥的物种历史可追溯到远古，它的祖先曾与恐龙生活在同一时代，如今它却濒临灭绝。这种人称"活化石"的物种居住在库克海峡的小岛上，它们有的自己挖筑巢穴，有的霸占海燕的窝，以小的无脊椎生物为食。

"恐龙人"（左图）那爬行动物的瞳孔中流露出古怪的目光，好像在向我们传达着它对进化偶然性的质询。这种完全虚构的"恐龙人"尽管外表奇特，却是一个科学推理的结果——当然这个推理过于极端，具有某种虚构意义，但也说明古生物学家能够将严肃和奇幻有机地结合在一起。

奇形怪状的石头总能激发人类的好奇心。

早在古希腊时期，贝壳和骨骼化石

就引起了学者们的注意，

但人们往往不去探究化石形成的历史，

反而对这些石化物进行了五花八门的臆测和假设。

　　"地上生出了骨头，骨质的石头。"

【古希腊】狄奥弗拉斯图

前372—前287年

# 第二章
## 追寻化石的身份

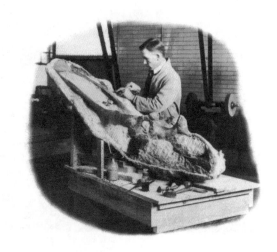

　　为了成功复原恐龙的真面目，例如图中的这只禽龙，人类首先需要破解地球遗留下来的这些化石密码。找寻和发掘这些庞然大物的遗骸只不过是古生物学家工作的一部分，他们的主要任务是弄清楚这些生物究竟是什么。

在长达几百年的时间里，由于种种局限，人们无法对早前的世界形成科学理性的认识，偶然发现的骨骼化石只被看作大自然开的玩笑，恐龙也未能逃脱这一命运。

## 直到17世纪末才第一次有人提出，这可能是恐龙的骨骼

1677年，英国博物学家罗伯特·普洛特在《牛津郡自然史》一书中描述并展现了一块巨大的化石，他极其精准地推测它是股骨的下端。最初他曾以为这是一块大象的骨骼，后来他认定这是巨人的骨头。1763年，R. 布鲁克斯重新引用了普洛特的结论，并根据当时已经使用了几年的林奈动物学命名法，参照化石的形状，给它起了一个"学名"：*Scrotum humanum*（意为"巨人的阴囊"）。

5年之后，法国"哲学家"让-弗朗索瓦·罗比奈又提出了一种新假设，他认为，这确为一块阴囊化

在所有的文明中，恶龙、妖怪、吐火怪物和神话中的其他动物一度笼罩着人们的想象。欧洲喷火巨龙长着利爪，翅膀和尖刺，却难以阻止17世纪的科学进步。于是，它们化身为集多种动物于一身的形象，出现在那时的探险故事中，样子虽没有多么吓人，却更加逼真了，就像1636年安东尼奥·滕佩斯塔的作品汇编中呈现的那样。此后还要过上一段时间，人类才能找到真正的龙——恐龙，形形色色的恐龙形象将取代那些噩梦一般的可怕神话中的怪物。

石，它是大自然进行了一系列塑性尝试，创造"理想人类"的佐证。他的这种看法激起一片哗然。很可惜，这块化石如今已经不知所踪，它很有可能来自巨齿龙家族的一种大型肉食性恐龙。等这块化石残片的真实身份最终被人揭晓，已经是三百年后的事了——它见证了那个时代科学发展速度之缓慢。

## 迪克马赫、巴舍莱、居维叶与诺曼底地区的恐龙化石

　　人们在法国沿海地区采集到大量海生动物化石，它们就像成堆的宝藏，吸引着科学家们前来一探究竟。早从 18 世纪下半叶起，闻讯赶来的人便络绎不绝。其中以诺曼底地区的海滩尤甚，每每落潮，这里的某些地质层便会露出奇特的化石，比如欧日地区位于迪沃河口和图克河口之间的黑牛崖便是如此。雅克-弗朗索瓦·迪克马赫是位博物学家，他居住在勒哈弗尔港口，长年坚持不懈地搜寻、发掘和收集化石，更可贵的是，他

在罗伯特·普洛特出版这部著作的年代，"恐龙"的概念还没产生。庞大的骨化石即使不被当成巨人的遗骸，也很少能被精确地描述。

还是个明白人："不难发现，化石的外面包裹着一层组织，这层组织与其中心的构造明显不同，因此我能够辨识出，它们是骨头的化石……"

1776 年，迪克马赫在《物理学报》发表文章，对自己发掘的化石进行了描述。他采取了在当时普遍审慎的科学态度，并没有就化石的属性做出任何大胆的断定。他甚至还画出了几块化石的样子。事实上，他发掘的大多数化石都源自鳄鱼、蛇颈龙或鱼龙。但是，在他详细描述的化石当中，有一块大股骨似乎的确属于恐龙。

另一个重要人物当属乔治·居维叶。居维叶在赴巴黎法兰西大学任教前，曾于1788 年至 1795 年间常常造

诺曼底地区的悬崖峭壁是法国古生物学的圣地之一。人们曾经在这里的白垩岩最下层中发掘了大量侏罗纪晚期脊椎动物遗骸化石，如今，由于沙淤作用已经很难再看到，只有退潮产生异常潮差时才能显现出来，每年不过几个小时的时间，就为了这短短的几个小时，众多科学家和考古业余爱好者会如约而至，希望能够收获骨骼化石。

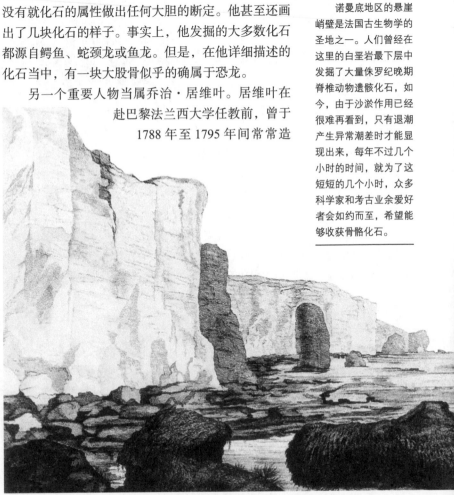

访诺曼底，那时他在埃赫希伯爵家里担任家庭教师。
当时他还没有萌生对脊椎动物的研究兴趣，因此也没
有收集相关的化石。1800 年，他在科学笔记中提到
的中生代爬行脊椎动物化石，其实是鲁昂的巴舍莱在
翁弗勒尔地区发掘的，这位博物学家去世之后，生前
收集的化石就都被转送到了巴黎，藏于法国国家自然
历史博物馆。

　　1808 年，居维叶再次对这些脊椎动物化石进行
了描述，他认为这些化石属于两类不同的鳄鱼，而这
两类鳄鱼都是人类从未发现过的物种，他还指出，其
中有些化石碎片的解剖学特征十分特殊。事实上，在
居维叶所描述的化石中或许有一部分的确源自鳄鱼，
但也有一些属于肉食性恐龙，只不过他本人对此一无
所知。

## 大西洋彼岸也有大量的化石被发现，却频遭错认

　　毫无疑问，人们许久以前就在北美洲发掘过
骨骼化石，但直到 18 世纪末才有真正确凿的书面记
载。1787 年，卡斯帕·威斯塔和提摩西·梅拉克向
位于美国费城的美国哲学学会提交的报告中，提到了
一块在新泽西州发现的"巨人骨"。

　　1806 年，威廉·克拉克溯密苏
里河而上，展开了一系列探险勘查。
在他的探险日记中，记录了在蒙大
拿州发现的一块巨大无比的"鱼肋
骨"，部分嵌在黄石河岸边陡峭的
岩石中。

　　这是属于巨人的骨头还是鱼骨
呢？这些巨型骨头是在新泽西和蒙

1818 年，居维叶
与巴克兰第二次在英国
碰面。这之后，1824
年居维叶才在再版的
《骨化石研究》中将英
国发现的巨齿龙遗骸与
翁夫勒发现的脊椎动
物进行了比较对照。
1832 年，冯·迈尔将
它们命名为扭椎龙。

大拿发现的，根据其尺寸和发现地点，如今我们可以推测它是一块恐龙化石。一个多世纪以来，在上述地区的地层中发掘出很多中生代爬行动物的骨化石，这些地方也因此声名大噪。

## 在英国，第一只得到正式描述的恐龙被命名为"巨齿龙"，意为"巨大的蜥蜴"

1822 年，"巨齿龙（又名斑龙）"这个名字首先见于詹姆斯·帕金森笔下。帕金森曾对一种神经系统疾病（该疾病后来即以他的姓氏冠名："帕金森病"）进行过十分详尽的描述，不仅如此，他还在一篇文章中最早提出了"巨齿龙"的属名，但由于他并没有描述这一物种的种名，所以"巨齿龙"这个命名并不科学。直到两年之后，"巨大的蜥蜴"才正式登上了古生物学的研究舞台。英国牛津大学教授威廉·巴克兰发表了相关文章，详尽地描述了自己几年间在牛津附近的斯通地区发掘的骨骼化石。他坚信这些化石源自一种体形庞大的肉食性爬行动物，而在当时已知的物种中，还没有发现任何类似的记录。

这是世人第一次认识"恐龙"，它并没有寂寞多久，因为就在同一时期，也是在英格兰，另一种同样十分奇特的爬行动物也"复活"了。

（右页上图）禽龙和巨齿龙的早期复原图与现在复原的形象极为不同。由于当时没有完全了解它们的骨骼构造，所以复原时模仿了现代爬行动物。禽龙被认定为一种体形超大的鬣蜥，而巨齿龙则被视为"畸形巨蜥"。

"（巨齿龙）长着这样的牙齿，每一次颌骨活动都会产生刀锯般合二为一、共同作用的效果，同时，那颗最尖利的牙齿会像双刃刺刀的刀锋那样，把猎物一次性切开。向后的弧形，如同箭尖的倒钩那样，插进去就不容易拔出，于是猎物一旦被咬住就无法逃脱。从这里可以看出，灵巧的人类在制造一些工具时所运用的那些仿生技巧"。（巴克兰，《无花果树》，1874）

## 吉迪恩·曼特尔与禽龙的故事，以及居维叶的推断

吉迪恩·曼特尔是英国东萨塞克斯郡刘易斯镇的一名乡村医生，但他也是一位化石铁杆爱好者。1822年，妻子陪同他去探访病人时，在填方的石头里发现了一颗奇怪的牙齿。曼特尔看得出，这是一颗十分古老的牙齿化石，但它不同于以往的任何化石。曼特尔将这颗磨损严重的牙齿拿给很多人看，却没有人对他的发现产生兴趣。他还需要找到其他化石。所幸，因为要探访病人，曼特尔走遍了整个地区，对当地了如指掌。他摸清了发现牙齿化石的沉积岩层的位置，当年夏天，他与迪尔加特森林的采石场主做了一笔交易，将其他牙齿化石全部购入囊中。

不过，伦敦地质学会的科学权威们却始终认为这些化石属于鱼类或近代的哺乳动物。曼特尔没有就此罢休，他请人把自己发现的化石转交给了居维叶，原

面对大家的质疑，曼特尔请人在同一幅插图中画出了美洲鬣蜥的牙齿，以及1822年起他发现的禽龙牙齿，作为将禽龙列入爬行动物并取名"*Iguanodon*"的理由（编者注：美洲鬣蜥的拉丁文学名是"*Iguana*"）。

WEALDEN FORMATION. 1 & 2. IGUANODON. 3. HYLÆOSAURUS.

来，他们自 1821 年起便开始互通信函。曾有传闻说，伟大的法国解剖学家居维叶认为这些是犀牛化石。但事实上，居维叶对化石提出了自己的假设，认为它们来自一种不为人知的、体形庞大的植食性爬行动物。

最终，一位名为萨缪尔·斯塔奇伯里的学者找到了解开谜题的钥匙——他认为，令曼特尔迷惑不解的牙齿化石与鬣蜥的牙齿相似度很高，只不过个头要大得多。因此，就像曼特尔预感的那样，牙齿化石的确属于某种爬行动物，居维叶的看法也是对的。

就这样，1825 年，第二种得到科学命名的恐龙闪亮登场，它就是禽龙。不过当时禽龙的一个指爪的骨骼被误安在鼻端，当成了角，所以与今天还原的样子不尽相同。

虽然不是有血有肉的恐龙，但至少是原样大小的恐龙复原模型——在 20 世纪中叶，还有比看到恐龙和其他史前动物横空出世更轰动的事件吗？理查德·欧文在向雕塑家兼画家沃特豪斯·霍金斯讲述自己的计划时，采用的就是这样的思路。霍金斯的工作间里，成吨的砖头、水泥和木头以及各式铁器在欧文的科学指导下被组装了起来，工程持续了好几年。为了庆祝雕塑完工，1853 年 12 月 31 日，欧文邀请了 20 名贵宾来参加别具一格的落成典礼：典礼在一只禽龙的肚子里举行，嘉宾们围坐在桌旁，共进晚宴。这次展览在伦敦附近的西德纳姆公园进行，后来维多利亚女王下令把巨大的"水晶宫"也搬到了那里。展览在公众中产生了非凡的效果。虽然后来证明这些复原模型是完全不准确的，但它们还是被保留在那里，作为恐龙知识第一次被科学推广的见证者。

## 更多奇特的爬行动物出现了，一个独立的动物种群亟待确立

禽龙得以描述后的 16 年中，人们识别并科学命名了 9 种生存于中生代的大型陆生爬行动物。当然，这些身形巨大的爬行动物足以构成一个独立的新属别，理查德·欧文在对英国多个岛屿发掘的爬行动物化石进行复核检查时便想到了这一点。欧文是一位出色的解剖学家，他将这些化石与现存的爬行动物的骸骨进行了对比，发现这些不复存在的动物具有很多不同于后者的特征。1841 年，在英国普利茅斯举行的英国科学促进协会大会上，他在讲话中将这些中生代之王进行了种属命名：将两个希腊语词根 "deinos"（意为 "可怕、恐怖"）与 "sauros"（蜥蜴，泛指爬行动物）结合在一起，将这些爬行动物统称为 "Dinosauria"，即 "恐龙"。次年，这个名称正式公布于众，在此后的 150 多年中，"恐龙"成为对人类来说最具吸引力的科学名词之一。

## 古生物学家 F.V. 海登在美国西部的非凡征途

19 世纪中叶，北美洲仍有大片土地等待开发与探索。1855

理查德·欧文（1804—1892 年）是一名医生，也是一位才华横溢的古生物学家。欧文并非只对恐龙感兴趣，对于任何一种脊椎动物化石，他都能滔滔不绝地发表言论。下图为他与在新西兰发现的鸟类化石。

这幅展现北美白垩纪晚期场景的图画是兹德涅克·布鲁安最著名的作品之一。对于这场恐龙之战，甚至还可以更确切地推定日期。图中所示的三种恐龙，左边的糙齿龙（鸭嘴龙属）、中间的霸王龙和右边的似鸵龙虽然都生活在7000万年前，但只在很短的一段时间里共同存在过。"霸王龙的出现使得其他恐龙胆战心惊，造成了真正的恐慌。糙齿龙躲进了沼泽，其他惊慌失措的恐龙逃之夭夭，纷纷远离危险地带，比如似鸵龙，长得很像拔光羽毛的鸵鸟，大家实在是打不过这头凶猛的肉食性恐龙呀！"（奥古斯塔与布里安，1959）。但如今，对于霸王龙可能的生活方式，众多专家却达成了共识：它非捕食性动物，更可能以腐尸为食。

年，古生物学家F.V.海登不辞辛苦地走遍美国密西西比河以西的土地，他在一个地区收获了好几枚牙齿化石，这个地区属于后来的蒙大拿州。他认为在那里收集到的化石相当奇特，值得分析。一年后，经费城古生物学家约瑟夫·莱迪确认，这些是恐龙的牙齿化石。

1831年，马什出生在纽约州一个不太富裕的家庭。21岁时，他从叔叔乔治·皮博迪那里得到一大笔财富，从而能够前往耶鲁大学学习，后来成为那里的老师。无论何时，马什的队伍都做好"两手准备"：一手十字镐，一手卡宾枪，这样做的本意是防卫印第安人，但有时也免不了要用来驱赶那些对他们"过于好奇"的竞争对手。

彼时，欧洲仍然是美国追随学习的榜样，古生物学研究亦是如此。于是，这些牙齿化石中的一部分被认为属于一种"近禽龙"的植食性恐龙，而另一部分则被认为属于一种"近巨齿龙"的肉食性恐龙，莱迪将这两种恐龙分别命名为"糙齿龙"和"恐齿龙"。

## 莱迪与鸭嘴龙：对北美恐龙的第一次科学描述

W.帕克·福克是费城美国自然科学学会的杰出会员，他曾于1858年居住在美国新泽西州的哈登菲尔德地区。早在20多年前，他的邻居约翰·E.霍普金斯曾在自己家的地里发现过一些奇特的脊椎动物化石，但都被他分送给一些来访的朋友了。霍普金斯带着福克来到发现化石的地点，并允许福克在那里进行发掘工作。就这样，很多大型骸骨化石得以重见天日。于是，莱迪又一次向科学界展示了一种北美

恐龙的第一具化石——鸭嘴龙的部分骸骨。
这一次，他不仅简单地对骨骼进行了描述和
命名，还描述了鸭嘴龙的体态和生活方式。
而且，莱迪不再追随欧文提出的欧式恐龙的
形态，而是极具洞察力地判定鸭嘴龙为两足
恐龙。不过，当时他认为鸭嘴龙是水陆两栖
动物——经过一个多世纪的论战，这种观点
已遭否定。不可否认的是，莱迪仍是最早尝
试复原恐龙的科学家之一。

## 在北美，奥斯尼尔·查理·马什和爱德华·德林克·科普之间的竞争推动了恐龙发掘工作的进展

奥斯尼尔·查理·马什和爱德华·德
林克·科普在许多方面都大不相同，
但二人心中却怀有同样的执念：
率先找到并描述新化石，他们都
将生命和财富奉献给了自己无比
热爱的化石发掘工作。

最初，虽然他们把对方视为
潜在竞争者，但两人之间还是十
分友好的。发生在 1870 年的一
件事彻底地改变了他们的关系：
科普把自己几年前描述过的蛇
颈龙骨架拿给马什看，马什察看
一番后提醒扬扬得意的科普，动物
的脑袋被安在……尾巴尖上了。
科普的自尊心受挫，觉得抬不
起头来。此后，两人变成了
对手，他们各自招募信息采

1840 年，科普出
生在费城近郊。家境殷
实的他十分自信，事实
上也的确很出色。18
岁时，科普便发表了第
一篇科学论文，而他一
生中更是撰写了 1400
多篇科学论文，令人难
以置信。为了收集恐龙
化石，他倾尽所有家产。

巴纳姆·布朗乘坐木筏，有效勘察了几千千米的陡峭河岸。1913 年，斯滕伯格也如法炮制，布朗并没有因此而嫉恨，因为他认为这个地区蕴藏丰富，足够两支队伍前来探索开发。如此重见天日的兽脚亚目、角龙和鸭嘴龙的骨骼化石多达好几百副。

（下图）带有恐龙皮肤印痕的化石十分罕见，而完整的恐龙干尸更是绝无仅有。只有在极端干燥的天气条件下，这只鸭龙的尸体才能发生自然改变，随后被沙子覆盖。

（右页图）1897 年，古生物学两位重量级人物 H.F. 奥斯本和巴纳姆·布朗在怀俄明州摆弄梁龙化石。

集人员和勘探者组建起团队，还分别资助了几支发掘小分队，以便能够更及时地做出反应，闻风而动。美国联合太平洋铁路的两名工人在怀俄明州的科摩崖发现了庞大的化石层，使得两人之间的"恐龙大战"发展至巅峰。马什在接下来的十余年时间里在这一地区进行了疯狂的挖掘。

科普和马什在 1897 年与 1899 年相继离世，这一狂热的发掘活动才随之宣告结束。竞争双方一共描述了 130 多种恐龙，在美国西部的好几个州采集到了不计其数令人叹为观止的恐龙化石。

## 恐龙木乃伊收藏家斯滕伯格与"缘水求龙"的巴纳姆·布朗

研究恐龙的事业并没有因为马什和科普的去世而终止。许多著名的化石搜寻者前仆后继，成为恐龙研究的传承者。查尔斯·哈塞柳斯·斯滕伯格曾经做过科普的助手。20 世纪初，在三个儿子的协助下，他率队在加拿大艾伯塔省，美国堪萨斯州、蒙大拿州和怀俄明州展开了发掘工作。对他们来说，1908 年是成果尤为丰硕的一年：那年夏天，他们在美国怀俄明州的挖掘过程中，发现了第一份保留着皮肤印痕的恐龙标本，可称为名副其实的恐龙"木乃伊"。两年后，他们又在几乎相同的地点发现了另一份类似的标本。与此同时，1910 年，巴纳姆·布朗乘坐既是临时居所又是实验室的改装平底大驳船，沿着雷德迪尔河顺流而下，对加拿大艾伯塔省至美国蒙大拿州一带陡峭的河岸进行了一番勘查。这趟探险之旅不虚此行，布朗采集到了很多恐龙遗骸化石。因此，在这之后的许多年里，他一直使用这样的方式追踪恐龙。虽然行船途中蜂拥而至的蚊子让他烦恼不已、苦不堪言，但这并没有阻挡他探寻发掘的脚步。

## 颠覆古生物学理论的鸟脚类恐龙

古老的欧洲并未经历这种热火朝天的发掘活动，但也积累了不少化石发现。1878 年 4 月，比利时矿产小城伯尼萨特突然间成了古生物学的前沿阵地。

几名矿工在圣芭贝井下 322 米深度作业时，遇到了一个包裹着骸骨化石的黏土矿囊。这并不是工人们第一次发现骨骼或植物化石，但这一次发现的化石密集程度着实惊人。而且，他们还打穿了一具大型爬行动物的骨架。矿场负责人立即通知了当时的比利时自然历史博物馆，在博物馆工程师路易·德·波夫的带领下，研究人员发掘出 30 余副禽龙骨架和无数其他化石，路易·多洛随后对它们进行了描述和研究。

（左图）两只禽龙疯狂逃窜，它们到底在躲避什么危险呢？伯尼萨特发现大量骸骨化石，曾有人认为，这是一群恐龙为了躲避猎食者猛然跳入悬崖而形成的化石群，现在这种解释已经被否定，化石缓慢积累的假设占据了上风。

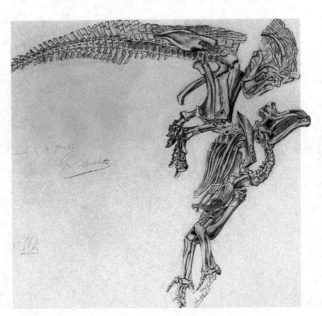

露天挖掘工作的条件十分艰苦，更不用说从矿井底部出土几十吨恐龙化石了。但在进行任何搬移前，都需要精细测绘骨化石的布局，以便随后在实验室里将它们准确地组装起来。这是 1882 年 G. 拉瓦莱特完成的绘图，真实地再现了禽龙在矿层中被发现时的样貌。这幅图画精美绝伦，堪称艺术杰作。可以说"伯尼萨特禽龙"之所以举世闻名，路易斯·德·波夫和路易斯·多洛的确做出了重要的贡献，但拉瓦莱特的绘图同样功不可没。

## 20 世纪初，研究者将目光转向非洲和亚洲

　　人们在其他大陆也相继发现了非凡的的恐龙宝藏。1907 年，在当时的德属中非（如今的坦桑尼亚）的汤达鸠山发现了一些庞大无比的骨骼化石。1908 年至 1912 年间，德国柏林自然历史博物馆的埃德温·亨尼格和沃纳·雅内施对这一蕴藏丰富的地质层进行了探索，发掘出腕龙科大型蜥脚亚目恐龙遗骸，以及一只小型剑龙科恐龙——钉状龙的化石。

　　接着，亚洲也开始吸引古生物学家的注意。人们在戈壁沙漠发掘了原角龙的蛋和巢穴化石，1922 年至 1925 年间，美国自然博物馆第一次派出考察队便

　　为了修复和组装伯尼萨特禽龙，工作人员花了好几年的时间。不仅如此，在这个过程中，工作人员还要"护理"患了"黄铁矿病"的骸骨化石。因为骨化石中的硫化铁与空气接触后发生了物理和化学反应，造成骨头分解粉碎，需要进行多种处理，才能防止这种讨厌的"病症"逐渐将骨头腐蚀殆尽。如今，这些骨骼化石仍陈列在比利时皇家自然科学院，展示用的巨大橱窗内，院方对湿度和温度进行了极其严格的控制。左边这幅图画展现的是第一个伯尼萨特禽龙模型的组装场景，组装场所位于布鲁塞尔皇家广场附近的圣乔治小教堂中。古生物学家路易斯·多洛对伯尼萨特煤矿发现的禽龙化石群进行了大量科学描述，详细记录了禽龙的解剖构造和生物学特征，这些描述至今仍是古生物学家的重要参考资料。

收获了种类繁多的恐龙化石，戈壁沙漠也因此闻名遐迩。之后，1946 年和 1948 年的苏联勘察队，20 世纪 60 年代和 70 年代的苏联—蒙古科考队和原来的波兰—蒙古科考队都在此地收获颇丰。戈壁沙漠成了恐龙猎人的新乐园。

20 世纪下半叶，"龙的国度"——中国向全世界呈现了丰富且多样的恐龙种群化石。1915 年至 1917 年，俄国组织过几次科学探险。后来，在杨钟健教授的推动下，中国于 1933 年正式接班，开启了恐龙发现之旅，而杨教授也成为中国古脊椎动物研究的奠基人。1949 年中华人民共和国成立后，恐龙研究不断加强、加深，中国大多数省份都发现了至少一副"恐怖的龙"——恐龙的化石。

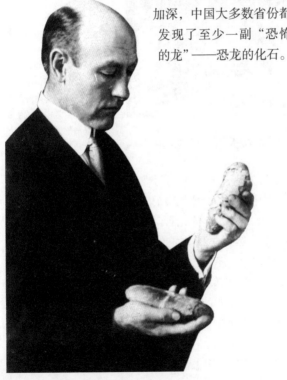

这副安氏原角龙的头骨就出自戈壁沙漠。如同所有的角龙一样，它的骨质颈盾对古生物学家来说一直是个谜：这个颈盾到底是只对颈部起到保护作用呢，还是颌骨肌肉固定结构的延伸呢？

左图中罗伊·查普曼·安德鲁斯手里拿着两枚安氏原角龙蛋，他是美国自然历史博物馆派往蒙古的科考探险队队长之一，与他同行的还有奥斯本和格兰杰。探险队的主要目的是寻找人类起源新的踪迹，但他们更多发现的是恐龙化石。为了纪念安德鲁斯，产下这些蛋的恐龙被命名为安氏原角龙。

## 科考先锋辈出的年代虽已不再，但恐龙发掘研究的激情却长盛不衰

　　一个半世纪以来，无数人对中生代的"恐怖蜥蜴"痴迷不已，本书中提到的不过是九牛一毛。如今这种热情更是空前高涨：探索仍在持续，虽然手段、方法不断翻新，但目标从未改变：寻回并破译地球留下来的化石档案。无论是探险小队还是大规模科学考察——例如 1969 年法国在斯匹次卑尔根群岛展开的科学探索或是在撒哈拉进行的发掘活动，从加拿大到澳大利亚，从巴塔哥尼亚（位于今阿根廷与智利间——编者注）到苏联，世界各地的研究者都在为复原恐龙不懈地努力。他们都坚信：还有好多秘密等着人们去发现……

　　实际上，恐龙所有科别的代表性种类在中国都有发现，而且呈现出的都是惊人的、全新的形态。从蜥脚亚目的马门溪龙到鸭嘴龙类的青岛龙，还有原蜥脚下目的禄丰龙和剑龙科的沱江龙，各种类型应有尽有。中国恐龙专家董枝明教授指出，目前所发现的数百种恐龙只不过是中国恐龙宝藏中的一小部分。（下图中显示的是昌都盆地）

## 野外作业

　　这一系列历史照片再现了 20 世纪初北美恐龙挖掘运动的鼎盛时期。在野外考察有时需要在艰苦的条件下生活几个星期，甚至好几个月，因此需要一定的筹备，以便工人们展开挖掘。开拓时期与恐龙探索先驱的年代相比，探险队的设备装置发生了明显变化，但采取的操作依旧是相同的。在挖掘现场附近搭设一个基本的临时营地，集中存放采掘和运输恐龙骨化石用的工具和箱子，以及确保工作人员舒适的所有装备，在左图中我们能够看到工作人员正在这间"帐篷餐厅"享用便餐。

## 挖掘

　　恐龙的遗骸并不总是呈水平卧姿。地壳变形有时几乎会垂直抬升地层，就像这片化石岩壁所呈现的那样。现在这里已经成为美国犹他州国家恐龙博物馆（见左图）。如果是采取精细操作，那么从土中清理出大型恐龙的骨架需要数周时间。如此出土的骨化石会连同沉积岩基底一同用石膏绷带包覆起来，这样可以确保化石的完好性，便于运输。这一技术是拉克斯在1877年发明的，一直沿用至今，只不过吊装设备发生了变化，而且西部的四轮马车也被换成了越野车。

正如自然科学的任何研究对象一样，

恐龙也需要被分类，

或者更准确地说，

只有通过科学的分类，

人类才能尝试在不同的生命体之间建立联系，

通过相互对比，了解物种演化的进程。

我们首先要给恐龙一个明确的定义，

这样才能将它们写进生命物种的家谱中。

# 第三章
## 恐龙的自然史

似鸸鹋龙是兽脚亚目恐龙，属于十分奇特的似鸟龙科。这种恐龙体态很像鸵鸟，特征是嘴巴里一颗牙齿都没有，它的食性仍旧是个谜。似鸸鹋龙生活在白垩纪晚期，其骨骼化石发现于加拿大艾伯塔省。

## 定义和分类：何为恐龙？

恐龙属爬行纲动物，更确切地说，它们属于爬行纲双孔亚纲动物，也就是说，它们颅骨的眶骨后方具有两对颞颥孔。在三叠纪时期，从小型双孔亚纲槽齿类动物中演化出了鳄类、恐龙以及翼龙（能飞行的爬行动物）等几种爬行类动物。这四种动物归于初龙次亚纲（简称初龙），鸟类就是从中演化而来的。如今，在这类爬行动物中，只剩下了鳄鱼。

恐龙和其他初龙类动物到底有什么样的区别呢？首先，恐龙生活在陆地或沼泽附近，四肢与躯体垂直，站立时四肢在躯体的正下方，也就是说，当它站立时，脚掌面与躯体的矢状面是互相垂直的，这与哺乳动物和鸟类是一样的。而其他爬行动物的四肢大都横向生长，有的呈半直立状态。恐龙的这一特征是由重要的解剖构造变化造就的，这使人们能够分辨出哪些是恐龙的骨骼化石。

## 恐龙并非单一物种

1887 年，哈利·戈维尔·丝莱对马什、科普和赫胥黎的分类方法发表了异议，他认为恐龙名下实际

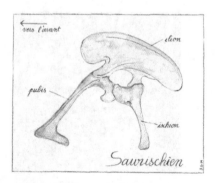

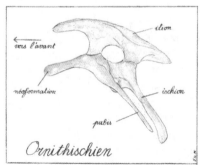

隐藏着两个不同的目。

　　这一区分主要以骨盆构造为依据。爬行动物的骨盆由髂骨、耻骨和坐骨三个部分构成。在一些恐龙中，这三个部分呈现为三射式，与蜥蜴相似，丝莱将之命名为蜥臀目，即具有"蜥蜴的骨盆"。相应地，他将骨盆与鸟类一样的恐龙命名为"鸟臀目"，这类恐龙的耻骨向下或向后转，与坐骨平行。事实上，与鸟类骨盆的相似性只是表面现象，而且之后很多属别的恐龙耻骨都演变出了新的形态，但是这种叫法依然保留了下来。鸟臀目恐龙具有自身的解剖构造特点，其中最显著的特征便是下颌前部多了一块骨头——前齿骨。

　　"赫尔曼·冯·迈尔称它们为Pachypode（法语，意为"厚实的大脚"），用来体现其与现有爬行动物的区别，因为它们都是用厚实粗大的脚掌支撑身体，稳稳站立的。由于它们中间有些身形巨大骇人，因此理查德·欧文将它们命名为恐龙类（意为"恐怖的蜥蜴"）；而托马斯·亨利·赫胥黎则把它们归为鸟脚龙（意为"长着鸟脚的龙"），以便联想它们与鸟类相似的特征。"（戈德里，1890）。现在专家们已经很少再用"恐龙"这个字眼，他们将恐龙分为蜥臀目（包括兽脚亚目和蜥脚亚目）与鸟臀目（包括鸟脚亚目、装甲亚目、角龙亚目和甲龙亚目、肿头龙亚目）。左图中的豪勇龙骨架化石于1966年在尼日利亚的泰内雷沙漠被发掘，现藏于意大利威尼斯博物馆，该恐龙化石的发现者菲利普·塔凯现在是法国科学院院长。这头身长7米的巨大的禽龙科恐龙是目前已知的唯一有这样的帆状脊的鸟臀亚目恐龙。

美国亿万富翁安德鲁·卡内基曾将一具梁龙骨架模型赠予法国，拼装这副骨架模型在法国成为轰动一时的盛事。1908 年 6 月 15 日，法国总统阿曼·法莱尔举行了骨架模型落成典礼。左图是典礼举办几天前拍摄的照片，坐在最前排的是当时的三位科学权威：从左至右依次为美国卡内基博物馆的科吉歇尔·霍兰，以及法国巴黎自然历史博物馆古生物学教授马塞兰·布勒。然而，在完整的恐龙骨架问世之前，工作人员为了对骨架进行完整的研究，经过了长期艰苦卓绝的努力，他们对骨架的每个部件进行了描述，为每块骨头都拍照并绘制了图片。

## 从骨骼化石到整体复原：堪比金匠手法的细腻，更须精通解剖学原理

　　古生物学家复原恐龙所依凭的唯一素材便是骨骼化石，而且往往只有部分骨骼。复原工作的第一步是搭建骨架——首先要修复骨骼化石，确认并与已知骨骼进行对比，再将它们接合起来，这样，研究者才能知道自己手中正在复原的究竟是哪种恐龙。

　　而且，骨骼化石中还透露着很多其他信息——其中多少都残留着一些曾附着的肌肉和韧带的痕迹，

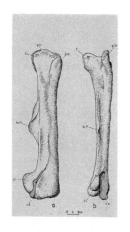

研究者将这些痕迹的位置、大小、方向与现存爬行动物的相关测量数据进行比较，就能对恐龙的肌肉构造形成比较清晰的概念。这样一来，静态骨架就被还原成可以动起来的恐龙透视模型。当然，用这样的方式并不能细致复原恐龙的内脏。随着著名的恐龙"木乃伊"被发掘，凭借皮肤化石上显示的印迹，复原恐龙的皮肤也成为可能。但我们仍然无法获知恐龙的肤色，所以在进行恐龙复原时，我们只得模仿现存爬行动物的肤色，谨慎使用鲜艳的色调。

（下图）对骨头进行辨认后，将其放在对应的位置上，乍看上去好像很简单，但实际上却远非如此，甚至对于专家也绝非易事。一开始，对大型恐龙进行复原仿佛一场巨型拼图游戏。但与拼图游戏不同的是，虽然大的安装错误鲜有发生，可如果把尾椎骨、肋骨或是脚骨等骨头的位置装错，却往往难以察觉。

## 恐龙以什么为食？

要复原一种已经灭绝的动物，就得对它的生活习性进行推测。说到恐龙的食性，人们多会想到霸王龙可怕的颌骨。但把所有的恐龙都描述成恐怖骇人的肉食性动物却也着实欠妥。事实上，肉食性恐龙只占恐龙中的一小部分，而且仅限于兽脚亚目。尽管还有几种属杂食类，但大

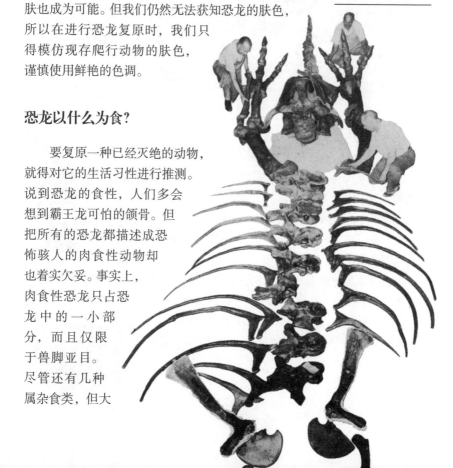

在史前动物中，霸王龙绝对算得上媒体的宠儿，是家喻户晓的明星。它的利齿如匕首一般锋利，有些长度甚至超过了 15 厘米。发掘的恐龙牙齿总带有令人难以抗拒的魅力，无论对专家还是大众，也无论它来自肉食性恐龙还是植食性恐龙。下图中三颗小些的牙齿属于兽脚亚目恐龙，发掘于撒哈拉沙漠，可跟旁边汝拉山发掘的大得多的巨齿龙牙齿比起来，它们却同样引人注目，也丝毫不逊色于页面最下方的加拿大发掘的鸭嘴龙复叠牙齿残片。

部分恐龙都是植食性动物（"素食者"的称呼再合适不过了）。首先，通过观察恐龙颌骨的构造，可以了解它的饮食方式与哺乳动物大相径庭。恐龙与其他爬行动物一样，都长着同型齿，也就是说，它口腔中的牙齿形状不变，或只在牙弓的不同位置上有细微变化。

　　肉食性恐龙一般都有结实有力的颌骨，长着匕首状简单锋利的牙齿。通常情况下，牙齿两缘中至少有一个带着细微锯齿，这样可以更加有效地将肉撕成碎块。由于不具备能够咀嚼的牙齿，肉食性恐龙只能将大块的肉囫囵吞下。

## 为了吃植物，恐龙进化出非同凡响的牙齿

恐龙时代的植物多由纤维素或木质素构成，硬如皮革，难以研磨嚼烂，更是无从下咽，所以，要以这样的植物为食，的确让恐龙颇费周折。体形最大的蜥脚亚目恐龙仅有几颗十分简单的牙齿，种群不同，牙齿形状也不同，有些像钉子，有些则像勺子，而且只是分布在颌骨前端，好像稀齿梳。但正是这种牙齿结构让它们得以进食大量的树叶和芽孢，从而让数十吨重的庞大身躯获得足够的能量给养。

鸭嘴龙与之相反，它的颌骨前端并没有牙齿，却复齿密布，每组复齿都由数百个菱形牙齿构成，它们层叠如鳞、相互交错，简直就像能不断再生的锉刀，经过如此研磨，就连坚硬的松针也会粉身碎骨。而角龙则拥有结实的颌骨和大剪刀般强有力的牙齿，这使它能够采食最为坚硬的植物；相比之下，甲龙的牙齿性能就差多了，它因此只能吃些较为柔软的植物。

## 探知恐龙的食性还可以通过这些依据——

那些无法咀嚼食物的恐龙在胃石的帮助下消化食物。它们的胃里有个特殊的部位，砂轮般的胃石能够将食物磨碎，正如现在鸟类的砂囊。十几年前，科考人员在一只鸭嘴龙的化石中找到了石化胶原蛋白，并对从中提取的成分进行了同位素分析，成功地证明了这种恐龙的食单上只有陆生植物，而并不是像人们从前认为的那样以水生植物为主。

要了解恐龙的食性，最好的依据就是它胃里的东西。这就不得不提到 1971 年在法国东南部石印灰岩中发现的世界上第二副美颌龙化石，与在德国巴伐利亚地区发掘的第一副美颌龙化石一样，它也具有十分重大的意义。要使胃里正在消化的东西保存下来，在石化过程中需要具备极其特殊的条件。而这一切刚好发生在这只小型肉食性恐龙身上，我们也因此得以了解到它生命中的最后一餐都吃了些什么。在它的胃腔中，残存有团状的小骨头，最开始时有人认为那是胚胎的骨头，但现在确认为一只小型爬行动物的骸骨，类似于如今的蜥蜴。

## 埃莉诺·基什

多年来，人们之所以对恐龙的热情不减，离不开艺术家对它们的精彩描绘。埃莉诺·基什将艺术才华与科学数据巧妙融合，突破了以往人们对恐龙的传统表现方式。与埃莉诺·基什合作多年的古生物学家戴尔·A.罗素曾动情地说："艺术家就是古生物学家的眼睛，他们的艺术作品如同窗口，让非专业人士得以欣赏恐龙的世界。"图中这只属鸭嘴龙类的栉龙正准备涉水，远处还有一只蛇颈龙在这条湾流中游泳。下页图中，另一只长有冠饰的鸭嘴龙类恐龙——亚冠龙正在密林边缘寻找食物。再下页，可怕的达式吐龙正要找鳄龙的麻烦，达式吐龙前肢的大小说明它与霸王龙是近亲，而鳄龙是喙头目爬行动物，它的形态样貌酷似今天的印度食鱼鳄。

## 移动方式，一切皆有可能

　　有些恐龙用双足直立行走，譬如肉食性恐龙，它们用有力的双腿追逐，并用前肢抓取猎物。还有些缺乏自卫手段的植食恐龙也会用双足直立行走，遇到危险时它们靠奔跑来逃命。恐龙与哺乳动物不同，双足直立奔跑看来是速度最快的移动方式。其余大部分恐龙均为四足行走，例如采食低矮植物的恐龙或笨重的蜥脚亚目恐龙。描述中的蜥脚亚目恐龙常常在泥浆里慢慢挪腾或者待在沼泽和湖泊中。如果不借助阿基米德原理，很难想象这些庞然大物怎么能在水中悬浮。

　　现在，古生物学家一致认为，虽然蜥脚亚目恐龙会时不时下水活动，但它们是在陆地上生活的。生物力学的研究表明，它们的四肢完全可以承受庞大沉重的躯体。有些蜥脚亚目恐龙在尾巴的帮助下，甚至可以靠后足站立起来，采食其他动物够不到的树梢顶端的嫩叶。

## 有证据表明，一些恐龙是下蛋的

　　谈到生物，怎么能不谈繁殖呢？这么说有人可能会笑了——恐龙肯定是卵生的呀，这有什么好大惊小怪的，恐龙是爬行动物，爬行动物就应该下蛋哪。不管怎么说，现存爬行动物仍有部分是卵生的。法国普罗旺斯地区艾克斯发掘了数千枚恐龙蛋的蛋壳化

　　无论是恐龙蛋（上图为高桥龙蛋，中间的是原角龙蛋）还是蛇蛋（下图是"丛林王"——生活于中南美洲巨型蝮蛇的蛋），爬行动物的卵不仅是演化而已，还是一场革命，因为它创造了一种全新的繁殖方式。两栖动物需要在有水的地方产下自己的卵，爬行动物则摆脱了这一束缚，将液体物质放进了卵中，再将整个卵用透气的壳保护起来。蛋壳也不是用过即弃的"包装物"，它供给胚胎不可或缺的矿物质，同时逐渐变脆、变软，为宝宝破壳而出做好准备。

石碎片，还有几枚恐龙蛋是完整的，它们应属于一种生存于白垩纪的蜥脚亚目恐龙——高桥龙。自 1920 年起，戈壁沙漠也出土了众多恐龙蛋，特别是还发现了一种小型角龙——原角龙的巢穴，同时收获了好几副原角龙的遗骸。从发掘的巢穴可以看出，雌性原角龙负责在地上挖洞筑巢，随后在那里产下 18~30 枚卵，并会仔细地把卵一圈圈摆成同心圆。

　　有些恐龙与现在的鳄鱼和鸟类一样，会无微不至地照顾孩子。1978 年，在美国蒙大拿州发现了一处恐龙产卵区，其中的一个巢穴边缘被特意加高，里面有大概 15 副鸭嘴龙幼体骨架，离那儿不远，还发现了一对恐龙父母的遗骸，人们恰如其分地把这种恐龙命名为"慈母龙"。无论父母遭遇了什么情况，恐龙宝宝出于本能，还是躲在了巢穴里。

　　"要是想知道腕龙的个头儿究竟有多大，这么说吧，它只要稍一抬头就能看到四楼的窗户！它的身体结构表明，与迷惑龙或梁龙相比，它能够在更深的水里生活。"（奥古斯塔与布鲁安，1959）。但是想想，如果这些庞然大物全身浸没在水中，那么它们的胸腔和肺部在水里能承受得了这么大的压力吗？

有些古生物学家更像数学家,据他们估算,双足恐龙奔跑极快,速度最高可达 50 千米 / 时。对于似鸟龙科恐龙(意思是"像鸵鸟一样的恐龙")这种赛跑冠军,这一估算是很靠谱的。图中的两只似鸵龙便是这样,它们的身体比例与现在奔跑速度可超过 40 千米 / 时的鸵鸟的确十分相似。

## 既然迟早都要面对外面的世界,那就奔跑吧,恐龙!

肉食性恐龙为了猎食而奔驰,植食恐龙中不具备其他自卫能力的恐龙则只能通过奔跑来逃命。弱肉强食,如此而已。双足恐龙中可以找到最善于奔跑的先进代表,它们体重相对较轻,身长不会超过 3 米,或为小型轻盈的兽脚亚目恐龙,例如肉食性的虚骨龙;或为纤细优美的鸟脚亚目恐龙,例如植食性的棱齿龙。它们的后肢发育形态十分相似:结实的骨盆下,长着修长的双腿,肌肉组织强而有力,尖细的双足呈现趾行动物的外形,与现在奔跑速度最快的哺乳动物一样。它们还有一条很长的尾巴,因具备骨化的肌腱网状组织而能够绷紧挺直,平衡身体前部的配重。具备了这些特征,恐龙就能迈开大步,快速灵活地奔跑了。

## 四足植食性恐龙为了逃过被吃掉的厄运,发展出惊人的攻防能力!

每个属别的恐龙都练就了特殊的防御技能。对

于一只孤立无援的兽脚亚目恐龙来说，无论是体重达
30 吨的迷惑龙，还是只有 10 吨左右、"秀气"些的
梁龙，光是庞大的身躯就已经构成一定的威慑力了。
要是梁龙抽响皮鞭般长长的尾巴，猎食者就根本无法
靠近了。有些鸟臀目恐龙的尾巴具备强有力的肌肉组
织，甩动起来就成了真正的防御武器。剑龙便是如此，
它们的尾端长着一对，或通常是两对覆盖着角质物的
骨棘长刺，没有哪个来犯者的腹部能抵挡这
样的利器！

　　甲龙科恐龙亦是如此。它们的尾
巴通常很长，比如包头龙，尾端的

和某些恐龙尾部演
化出的武器相比，中世
纪骑士的装备简直微不
足道，不值一提。无论
是甲龙科恐龙的尾锤，
还是剑龙的长刺，都是
这些可怕的防御系统所
留下的骸骨化石，也不
过是全副"作战甲胄"
中的一部分。可以想见，
尾部必须具有多么强劲
的肌肉组织，才能让这
些"武器"活动起来。

骨锤如狼牙棒一般，由紧密结实的骨头
结合而成，形成两裂片或三裂片的球状
物，能击碎任何兽脚亚目恐龙的脚掌。

不仅如此，甲龙科恐龙全身还披着一层
由骨质结节构成，嵌入皮肤的真正的铁甲，有些结节
的尺寸会很大，形成坚不可摧的铠甲，还有些刺状物
竖立在背部、身体两侧或尾部。一旦遭遇危险，这些
坦克一般的恐龙就会紧贴地面，就像现在的犰狳一样，
这样即使是最强壮的肉食性恐龙也没有任何机会去伤
及甲龙唯一脆弱的地方——致命的肚皮了。

与甲龙科恐龙（上
图）不同，角龙科恐龙
并没有覆盖全身的骨
甲。它们都长着角，属
别不同则角的长短有所
不同。目前发现的角龙
科有两个属：一类颈盾
很短，不会超出脖子（以
三角龙为代表），另一
类颈盾很长，可以延伸
至背部中央。

## 有些角龙属恐龙的角，可与现在最庞大的公牛角媲美

角，也是恐龙防御武装中不可忽视的重要部分。
角龙属恐龙的特点是脖子上环绕着

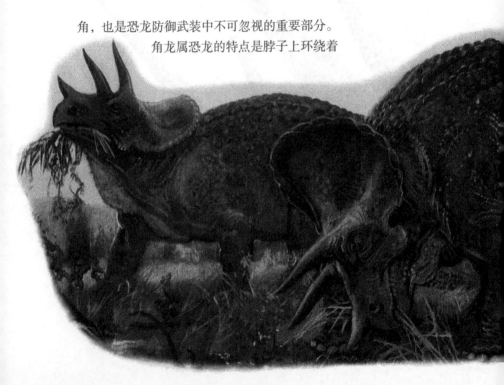

一圈骨质颈盾。有些角龙的颈盾很大，不过现在有些专家开始质疑这种结构的防御功能。生活在白垩纪末期的三角龙，体形庞大，体重可达 5.5 吨，其面部生有一角或多角，是角龙属恐龙中最著名的一种。它眼眶上部的两根长角和鼻端更为粗壮的短角能够重创霸王龙，对其造成的伤害甚至可能致命。

禽龙则具有一个特点，在目前发现的恐龙中是独一无二的：它前肢的大趾已经演变为结实有力、可长达 20 厘米的钉刺，如同利爪，能够在与兽脚亚目恐龙的肉搏战中对其予以攻击。当然，利爪并非肉食恐龙特有，不过禽龙的爪子形态独特，十分狭长，顶端弯曲，还有一段突出的角质结构，很像猛禽的爪子，一看便能联想到它们在捕捉、抓取并刺穿猎物时的攻击力。有些爪子甚至堪称致命利器。

恐爪龙是一种兽脚亚目恐龙，属于驰龙科。如名所示，它长着"恐怖的爪子"——它第二个脚趾的顶端长着镰刀一般又长又尖利的爪子，可用来撕裂猎物的肚皮。相反，有些植食性恐龙的爪子更大，却没有那么纤细和弯曲。这种爪子或许仍具有一定的防御功能，但主要是用来寻找并抓取食物的。

## 戈壁沙漠的奇特发现：两只纠缠在一起的恐龙遗骸，一场没有赢家的生死之战

1971 年，波兰 – 蒙古科学考察队的成员们发现了"双龙化石"：一只小型驰龙科恐龙——伶盗龙的爪子里抓着一只原角龙的脑袋。这是一场发生在白垩纪晚期的惨剧。它们究竟是在漫长的角斗后死于筋疲力尽，还是伤重不治，还是某种外界原因让它们死在了一起？我们也许永远

根据生活方式和食性的不同，恐龙的骨质趾爪也各不相同，但基础结构都是一样的。不同长度、弯曲度、纤细度和灵活度的趾爪，体现了其所有者属别的特征。例如，图中是发现于撒哈拉沙漠中的两个兽脚亚目恐龙的趾爪化石。

而上图中是鸭嘴龙脚趾的指骨爪，从形状和功能来看，都与兽脚类恐龙的极为不同，防御或进攻的功能完全被步行的需求所取代。

不得而知。在更常见的情况下，恐龙的骨化石上会带有一些伤痕，那是生前骨折痊愈后留下的特有骨痂，可能是决斗时受的伤留下的，也可能并没有那么惨烈，而只是出了点意外而已。但遗憾的是，事实如何无从知晓。

　　同样，我们还会在恐龙的骨化石上发现被咬伤的痕迹，这些痕迹究竟是猎食者所为，还是食腐者在恐龙死后造成的呢？专家们很少在化石上发现骨病的痕迹。蜥脚类恐龙的尾巴上出现两处或多处强硬的椎骨并不是罕见现象。恐龙化石上骨癌肿瘤则少之又少，发现的次数屈指可数。恐龙死去几千万年后，化石反映的是其生前的健康状况，却很少揭示其最终的死因！

恐龙的足印通常会让专家大伤脑筋，但对于古生物学家的小儿子汤米·彭德利来说，它可以是个大小刚好合适的浴盆（上图）。这是1939年在美国得克萨斯州格伦罗斯附近的帕拉克西河发现的恐龙足迹化石，它清晰完好地保留了兽脚亚目恐龙追逐蜥脚类恐龙（对页图）的痕迹，这一地层由此而出名。我们可以清晰地分辨出前者的脚印是三趾的，而后者的脚印是椭圆形的。

　　（左图）原角龙属恐龙和伶盗龙的骸骨纠缠在一起，这件全世界独一无二的"双龙化石"让我们知道了驰龙科恐龙是如何杀死猎物的：它用前爪紧紧地抓住猎物的脑袋，并用第二个脚趾上灵活的巨大利爪刺穿猎物的腹部。

## 恐龙留下的足迹也体现了它们的社会行为

古足迹学是古生物学中一个特有的分支,专门研究特殊的足迹化石。恐龙的骸骨常会被水冲走,或被食腐动物带走,有时会被搬离死亡地点到很远的地方,只有足迹能够证明恐龙的确在此处生活过。恐龙的足迹研究相当复杂且微妙,但在多数情况下至少可以确定足印是哪一类恐龙留下的。

恐龙足迹可提供多种信息:双足还是四足,是否长着爪子,脚趾的数量、大小和角度形成,等等。但要估算恐龙的大小、重量和速度,就只有在足印保存

马克·哈利特的这幅壁画名为《河流》。侏罗纪晚期,在美国这片现在被叫作犹他州的地区,如果会飞的爬行动物翼龙具有分辨色彩的视力,便会在高空盘旋时看到这样的景致。当时炎热潮湿的气候加速了植物的生长,植被繁茂、郁郁葱葱,植食性恐龙被巨大的河流吸引而来,肉食性恐龙则尾随其后。

相当好的情况下才能实现。

在美国科罗拉多州珀加图瓦尔河的侏罗纪晚期地质层中发现了超过 1300 个恐龙足印。通过细致分析，可以看出这是 1.4 亿年前一群蜥脚亚目恐龙留下来的，当时它们正沿着陡峭的湖岸行走，也许正在迁徙。它们并不是漫无目的地闲逛，而是有组织、有计划地迁徙：走在中间的是年幼的恐龙，也许还有体弱的雌性恐龙，其他成年恐龙围绕左右，走在最外围的是最强壮的恐龙。如今一些大型哺乳动物，仍然用这样的集体防御战术。

下面的这幅画呈现了各种各样的恐龙，因而生机勃勃：左边，一群梁龙正在渡河，三只角鼻龙围攻落在最后面的那只恐龙。一对腕龙远远投去谴责的目光，却爱莫能助；几只圆顶龙和一只剑龙的尸体引来了一些小型肉食性恐龙（嗜鸟龙），最右侧一只踽踽独行的兽脚亚目恐龙（异特龙）正由此路过。

武断地宣称我们对恐龙已经无所不知，

那绝对是言过其实，

甚至是一种妄自尊大。

因为事实上我们对恐龙知之甚少，

以至于只要有什么新发现，

就会引发人们对关于恐龙的认知产生新的质疑。

每个月，在世界的各个角落，

都有恐龙化石重现天日。

但通常可供古生物学家研究的，

就只有残缺的遗骸，甚至仅仅是几块骨头。

古生物学家就从此出发，

开始一场奇特的研究之旅，

终点是将骸骨主人的样貌复原。

# 第四章
## 待解决的科学问题

古生物展厅陈列的恐龙化石只不过是世界各地研究人员所接触的无数恐龙化石藏品中的九牛一毛，譬如这件在法国国家自然历史博物馆里展出的三角龙属恐龙的头骨化石。成千上万的化石标本首先要请专家研究。

专家们研究恐龙化石的时候，就会考虑到很多因素，因为拿到手的骨化石常常是断裂的、压碎的、变形的，而化石化作用本身也会对研究中的操作造成诸多限制，因而开展工作更是难上加难。不过对有一些属别的恐龙来说，由于已有大量标本被发掘，所以专家们对其解剖构造已经相当了解，如异特龙、禽龙和三角龙属的恐龙，此外还有其他不少例子。只有通过尝试，连续不断地进行建模试验，对恐龙的了解才能层层深入。

在巴黎国家自然历史博物馆中陈列的梁龙骨架标本的尾部发现了两处骨瘤，中间隔着几块椎骨——这两处骨瘤可能是关节炎造成的。在同一标本最前端的几块尾椎上发现了第三处关节僵硬的现象，由此推测，这只可怜的蜥脚类恐龙生前饱受风湿病的折磨，行动举步维艰。

## 不要嘲笑前人的摸索，出错一向在所难免

在恐龙研究发生的谬误中，曾被张冠李戴的"雷龙"是最有代表性的例子。实际上它真正的学名是"迷惑龙"。1879年，马什在复原迷惑龙残缺的骨架时，误为其安上了源自相邻地层的蜥脚亚目圆顶龙科恐龙的头骨。直到1975年，人们才为这只迷惑龙找到它自己的头骨。在近百年的时间里，它一直顶着错安给它的怪里怪气的脑袋，与它酷似梁龙的真正头骨大相径庭。

很多恐龙都是根据十分不完整的材料命名的，有时甚至仅凭一块椎骨或是一颗牙齿。这种做法在19世纪初十分流行，却使之无法与后来的发现进行任何比对。因为要赋予一种动物新的属别或种名，需要先将它的遗骸与已知骨骼进行对比，以避免重复命名。在命名混淆的例子中，巨齿龙属恐龙是最著名的代表。目前这一属别包含18种恐龙，地质年代从侏罗纪早期至白垩纪晚期，绵延持续了1亿多年的时间，这种

巨大跨度对于同一属别来说是极不可能的事情。由于缺乏明确的定义，只要是无法识别的大型兽脚亚目恐龙遗骸，就都被杂乱无章地归到了巨齿龙属。

　　三角龙属恐龙则正相反，由于出土了大量的头骨和骸骨，三角龙属恐龙相当出名，它包括 15 个种类，其中有 11 种都来自美国怀俄明州和蒙大拿州的同一个地质构成。现在专家们认为，在这么短的时间内，却在如此有限的地域空间中出现这么多不同种类的三角龙属恐龙，简直是不可思议的事情。

## 永恒的问题——古生物种类划分

　　上面三角龙的例子揭示了恐龙研究中最主要的问题之一：两只看似十分相似的恐龙，却观测到骨骼存在细微差异，这究竟只是同一种类恐龙在生长不同

巨齿龙是一种强壮的双足肉食性恐龙，就是我们通常说的"食肉龙"，根据不同种类身长一般在 5 至 9 米之间。对该属别的描述杂乱无章，目前好几位专家都在尝试理清头绪。但由于出土的大部分骨化石支离破碎，使得这项任务十分艰巨，甚至无法完成。很久之前，有些专家就提议只对侏罗纪晚期的恐龙使用"巨齿龙"这一名称，也是希望使分类更加清晰。所有这些都说明我们对恐龙的了解远远不够。如果遗骸残缺程度过高，古生物学家有时无法确定属别名称，更不用

说种类名称了，这种情况下最好只辨识它的科别，否则可能会使分类更加模糊混乱。

阶段中的个体差异，还是性别差异，抑或是同一属别
里的两个不同种类呢？目前还没有任何法则能够使
种内个体变化得以量化。而对于恐龙来说，"种"作
为分类的基本单位，一直是专家们讨论不休的话题，
这也是国际会议永恒的争论焦点。至于性别二态性，
单凭爬行动物的骨架，根本无法分辨恐龙的性别。在
鸭嘴龙科恐龙中，冠饰有时被视为两性差异的标志。
曾经有人认为赖氏龙亚科（带有冠饰的鸭嘴龙）以及
鸭嘴龙亚科（平头骨鸭嘴龙）分别代表该属别的雄性
和雌性恐龙，这种观点现在已经被否定了，因为
这两种恐龙在各个地质构成中的出现时间
并不一致。不过，赖氏龙亚科雄性恐龙头
上的冠饰比雌性更发达，这却是极有可
能的。

与异齿龙一样，
上图中的基龙也是最著
名的一种原始的似哺乳
爬行动物。这两种盘龙
目动物背部都长着帆状
物，却具有很多不同的
解剖构造特点，食性也
完全不同：基龙是植食
性动物，而异齿龙则是
凶猛的肉食性动物。

## 体温调节系统——超越种群
## 的趋同进化特征

有些恐龙头上顶着奇特的冠

饰，有些恐龙背上长着脊椎神经棘延长所形成的古怪突起。这绝不是某属或某科所独有的特征，而是古生物学家所说的趋同进化的体现。早在古生代末期，人们在异齿龙和基龙等动物身上就发现过这样的背帆。而在恐龙中，只有两种具有这样的"装备"，它们分别是兽脚亚目中的棘龙与鸟脚亚目中的豪勇龙。关于背帆的功能，专家们提出了种种假设，目前看来体温调节的说法最站得住脚：背部延伸的脊椎骨形成帆状物，上面的皮肤布满毛细血管，充当能量交换器。当恐龙在阳光正下方站立时，背帆作为"太阳能接收器"，快速加热血液，将热能输送至恐龙全身。而在一天中最热的时段，背帆又能在恐龙直面阳光时减少曝露于光照下的面积，一旦有些许凉风时还可以将热量散发到体外。剑龙背上蜂巢般结构的骨质板，也不像人们长久以来所认为的那样，主要起防御作用，而很可能是一种类似的体温调节系统。

有人推测某些恐龙具有温度调控系统，比如剑龙属恐龙（对页下图）身上的骨质板、鸟脚类豪勇龙（左图）与兽脚类棘龙的椎骨神经棘突出形成的帆状皮膜等。专家们争论不休，主张恐龙为恒温动物的科学家会把这点作为重要论据，借以反驳坚持传统观点，认为恐龙与现存爬行动物一样是冷血动物的其他专家的说法。由于涉及的是已经消失的生理构造，所有假设都还未找到任何确凿证据。事实上，剑龙属有些恐龙的骨质板已经退化为长棘，或变得很小，难以实现热交换的功能。不过大自然中的生物的确总是能够利用原有生理结构来实现新的功能。

## 热血动物还是冷血动物？专家们对恐龙的生理机能产生了分歧

体温调节系统成了恐龙生理学方面最具争议的问题之一。现存的爬行动物是冷血动物，这不是通常意义上的"冷的血"，而是指它们的血液温度随着环境温度的变化而变化。美国科罗拉多大学的罗伯特·巴克则认为恐龙与哺乳动物和鸟类一样，是身体能够产生热量并保持热量的恒温动物（温血且恒温）。多年以来，巴克一直通过各种资料，采用推理的方式来捍卫这种观点。他提出了各种性质的证据，从动物社群中猎物与捕猎者比例的研究到骨组织学，还有按照某些兽脚亚目恐龙假定的活动量而估算出来的代谢率等等，这些论据虽然看来十分吸引人，却并没有能够获得古生物学家们的一致肯定。产生热量并维持身体温度需要耗费巨大能量，尤其需要获取相应的氧气和食物供给，随后才能通过复杂的生化过程转换为热能。如果说一只小型肉食性恐龙是恒温动物的假设站得住脚，那么对于一只重达 30 吨的蜥脚亚目恐龙，

在中国四川省发现的马门溪龙是梁龙科的蜥脚类恐龙，于 1957 年出土化石，挖掘工作持续了 3 个多月的时间。如今可以在北京自然博物馆看到经修复的马门溪龙完整骨架。长脖子是梁龙科恐龙的突出特征，而马门溪龙的脖子之长更加令人叹为观止。

所需供应的热量与它具备的进食方式就不相匹配了。根据质量与面积的关系，动物越大，实际上就越为恒温，因为它丢失和储存热量的过程都比小型动物慢得多。而恐龙的种类繁多，大小各异，就使得这个问题更加复杂了。

## 有些专家十分关注大型蜥脚类恐龙的心脏问题

无论是哺乳动物还是鸟类，现有恒温动物都具备分隔明显的四腔心脏，这种构造能够防止充满氧气的血液在流向各器官时与回流到肺部的低氧血液混合在一起。这似乎是确保恒温的必要条件，因为保持温度

从吻尖到皮鞭状的尾端，这个庞然大物的全长可达 22 米，由 19 块加长的颈椎骨构成的脖子就足有 10 米长。马克·哈利特的这幅复原图名为《穿越平地》（1986）现在洛杉矶的美国国家自然历史博物馆展出，很好地展现了恐龙强有力的颈背部，具有发达的肌肉系统，才能驱动悬伸在外、蔚为壮观的长脖子。

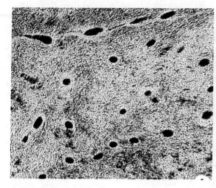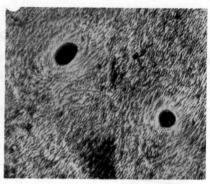

需要耗费大量氧气。尽管大多数古生物学家不赞同巴克有关恐龙是恒温动物的观点，但恐龙心脏分腔室这种说法还是被认可的。尤其是大型的蜥脚亚目恐龙，需要巨大的动脉压差才能将血液输送到头部，还有些恐龙的脑袋远在距身体 10 米开外的地方。如果说心室没有很好地隔离开来，那么肺部承受的压力就太大了，肺部的毛细血管会因此而爆裂。没有人见过恐龙的心脏到底长什么样，但众多专家认为心脏分室的假设是完全成立的，而且在爬行动物中本来就不是罕见现象，鳄鱼心脏的分隔就近乎是完美的。

**对于某些恐龙的繁殖方式，人们已经有了一些清晰的想法，但恐龙的生长方式和寿命仍然是个谜**

　　这个问题对于大型恐龙来说尤为重要。刚出生的恐龙宝宝才几千克，怎么生长才能赶上父母的体重和体形？要知道，有些恐龙爸爸妈妈重达数十吨。因此，恐龙宝宝在成长之路上，体重可能要成倍地增长，而这个倍数，可能要高达 2000 ～ 3000。参照现有的爬行动物种类，恐龙宝宝几乎只有两条路可

　　在绝大多数情况下，石化过程不会破坏骨头或牙齿内部的微观组织。这两张为光子显微镜下拍摄的豪勇龙牙本质的观测底片，左边使用了正常光线，右边则使用了偏振光，提高了放大率。古生物学家的探索研究并非仅停留在恐龙遗骸的表面，电子显微镜现在常被用于探寻恐龙生理特征的最深层奥秘，但并不一定都能获得人们期望的答案，例如蜥脚亚目恐龙的成长模式。

选择：一种是像某些陆生龟一样，在漫长的时间里缓慢成长，这可能需要超过 100 年的时间；第二种就是在刚刚出生的头几年迅速成长。至于恐龙个体的平均寿命，有科学家通过恐龙的骨骼组织或牙齿组织来推测生长结构的周期性，不过这种研究的推论未能得到所有专家的认同。

## 社会行为与外表的重要性

足迹学研究表明，恐龙可能具有社会行为，会过群居生活。这就出现了所有群居动物都会遇到的问题：哪些个体在团队里占据主导地位？目前，有些古生物学家认为角龙的颈盾和赖氏龙亚科的各式骨质冠饰，都是识别身份或彰显统领地位的直观信号。这些部位越发达、颜色越鲜艳，通常意味着这只恐龙越强壮、越有权威。肿头龙厚厚的圆颅顶由结实紧密的骨头构成，常被认为是打斗武器。它们通过撞头来建立群内等级，就像现在的山羊那样。角龙则会常常为争夺异性或领地而打架，试想两只角

肿头龙的遗骸化石相对罕见，由于我们对它缺乏了解，这仍是一个神秘莫测的类别。它们的特点是长着厚厚的颅顶盖，有些属别甚至形成了高耸的圆顶，就像这只肿头龙，圆圆的头顶厚度达到了 23 厘米。这种双足鸟臀目恐龙生活在白垩纪末期（除了其中一个属别生活在白垩纪早期），不禁会让人想到现在的公羊，所以推测它们会有相同的社会行为。

龙尖角交错纠缠的画面，这与我们印象中恐龙的形象是多么大相径庭啊。

## 有很多人认为恐龙很笨，大块头蜥脚类恐龙可谓最典型代表：庞大的身躯重达数吨，脑子却不过几克重

在这方面，剑龙无疑是记录保持者，它那 2 吨重的躯体之中，只有一颗核桃大小的脑子。但是该属恐龙却在侏罗纪晚期生存了超过

至今还从未发现过恐龙的大脑化石，它们将来重现天日的希望也微乎其微。然而很久以来，科学家们已经比较清楚地知道某些恐龙的脑灰质会是什么样子。如果石化过程没有造成头骨变形，脑腔就形成了很好的模子，可以忠实地反映脑髓的样子。左图中三角龙的颅内铸模能够让我们了解到这只恐龙大脑不同区域的构造，还可观察到脑部 12 对脑神经的走向，以便同现在的爬行动物进行对比。

1000万年的时间，这足以证明小脑袋也能适应大身体的生活方式！一般来说，植食性恐龙的脑子的确没有肉食性恐龙发达，因为捕杀猎物需要感官高度敏锐，会动脑筋玩战术，能快速协调身体的运动。从比例上来看，某些小型肉食性恐龙的脑容量与现有鸟类差不多。而关于恐龙臀部长着第二个大脑的学说，无疑是一个谬论，或至少是走了样的说法。很多恐龙的确在脊椎骶骨处有一个较大的脊髓膨大，但实际那只是一个神经球，把它等同于大脑实在言过其实了。再说，恐龙在地球上足足统治了近1.5亿年，难道还能说它"笨"吗？

## 来自中生代的声音，当音乐为科学服务

乍一看，复原恐龙叫声是一种不切实际，甚至有些异想天开的想法，但事实上是经过科学实验尝试过的。赖氏龙亚科的某些恐龙头上长长的骨质顶饰，实际上是鼻腔与后咽部连接起来的一种中空结构的虹

独角龙（下图）或戟龙（对页下图）的鼻角，无疑构成了一种可怕的攻防利器，而戟龙颈盾边缘所长的角很可能只是装饰，而非用来决斗的武器。其他角龙——比如三角龙——颈盾边缘的三角形小骨板形成了齿形边饰。现在众多古生物学家认为，颈盾的大小和边饰形状在角龙的社会行为中具有很基本的功能。很多动物插图画家根据想象中恐龙的模样，浓墨重彩地渲染角龙颈盾覆盖的皮肤，而颈盾具有鲜艳的色彩事实上也并非毫无可能。

吸式气管，关于它的功能，人们提出过很多解释。美国费城的大卫·威显穆沛很仔细地复原了冠饰里的气道，并分析了它的声学特点，如此释放的声波频率在 48 至 240 赫兹之间，发出的声音与中世纪的一种吹奏乐器十分相似。鸭嘴龙亚科的恐龙也并不是默不作声的，因为有些研究人员发现它们扁平的吻部覆盖着一层肉突，能形成可充气膨胀的皮囊（也许，同现在大自然中所观察到的某些动物一样具有颜色鲜艳的皮囊？），这样，恐龙就可以通过声音或视觉效果来表达它们的愤怒或展现自己的欲望了。何况凭什么恐龙就只能默不作声、死气沉沉地矗立在古生物展厅里呢？科学研究不断推进，终将向人们展现恐龙所发出的颤音是什么样的。

副栉龙属赖氏龙亚科（有冠饰的鸭嘴龙），生活在白垩纪末期，它的头顶长着长长的管状骨质赘生物，曾依次被解释为潜水呼吸用的透气管、体温调节装置、鼻腔中嗅觉上皮的巨大延伸，而近来则有专家认为这是一个扩音系统。（下图）三位古时双簧木管乐器演奏者吹奏的声音可能与副栉龙在某些情况下发出的声音相似。

## 也许中生代末期恐龙并没有完全灭绝：鸟类可能就是恐龙的后代……

圣诞晚餐喝醉酒时，古生物学家也许会诙谐幽默地声称，当晚精心烤制的火鸡，实际是只长着毛的恐龙。但从鸟类起源的三种比较可信的假说来看，这种说法确有一定的合理性。鸟爪上清晰可辨的鳞片，身上由鳞片演化而来的羽毛，这些都是鸟类

起源自爬行动物的证据。但鸟类的祖先究竟是谁？到底是槽齿目动物、原始巨蜥，还是恐龙呢？专家们在这个问题上产生了分歧。即使说鸟类是恐龙的后裔，也并非意味着三角龙或梁龙就能演化成山雀。争论的焦点是生活在侏罗纪末期的始祖鸟，它曾被认为是迄今发现的最原始的鸟类。与被人为归在"虚骨龙"属下的兽脚亚目恐龙相比，始祖鸟的确显现出大量与鸟类相同的构造特征。正如恐龙留给我们诸多谜团一样，鸟类祖先的问题也因为缺少确凿的依据仍然悬而未决。但对于众多专家而言，正是由于三叠纪或侏罗纪初期这些小型虚骨龙特殊的辐射演化，我们才能从现存的某些动物中看到恐龙的影子，感觉它们仍在我们身边。

1877 年，在德国艾希施泰特附近，索尔恩霍芬以东 20 千米的地方，人们发现了这件珍稀的始祖鸟化石。不久后，维尔纳·冯·西门子以 2 万马克购得该标本，收藏于洪堡博物馆（即柏林自然博物馆——编者注），展示至今。始祖鸟曾被认为是鸟类最早的祖先，其发现可追溯到 1860 年，当时人们发现的是始祖鸟单独的一根羽毛印记，正模现藏于柏林，副模收藏于慕尼黑。第一副始祖鸟骨架于一年后出土，并被英国伦敦大英博物馆购入。之后又发现了 5 件标本，最近的始祖鸟化石于 1987 年底重现天日。所有标本都来自距今 1.4 亿年的侏罗纪晚期的同一地质层，与德国巴伐利亚的美颌龙标本如出一辙。而最初的鸟类与美颌龙具有诸多相同特征，以至于 1950 年发现并保存在艾希施泰特博物馆的始祖鸟当时被错认为兽脚亚目美颌龙的幼体，直到 1973 年才正确地鉴别了它的身份。

恐龙为什么消失了？

神秘的灭绝事件加剧了人们心中恐龙的怪诞形象，

它们被想成了无法适应生存环境的动物。

然而，恐龙时代的地球

并不是一成不变的世界。

恐龙所处的环境时刻发生着变化。

跨越1.5亿年的生存记录

可不是微不足道的小事，

特别是在那个植被情况不断变化，

大陆板块仍在漂移的时期。

# 第五章
# 在变化中求生存

植物化石如果保存状况良好且能够被识别，就能让我们了解到很多事情。例如右图中这个丝扇藻的叶片，这是在普罗旺斯地区艾克斯发现的第三纪被子植物。

在恐龙称霸地球的年代，它们不得不面对这个星球所经历的最动荡的事件之一：开花植物的大革命。大概从1.2亿年前起，作为绝大多数恐龙主要的食物来源，植物经历了一场翻天覆地的变化。

## 这场植物革命尽管相当漫长，却可能导致了恐龙新家族的出现

乔木状蕨类、木贼、苏铁目和其他针叶树构成了陆地主要植物区系，这种状况一直延续到侏罗纪末期，随后它们逐渐被不断发展壮大的另一类植物所代替，被子植物成功地占据了主导地位。这些通常被称作"开花植物"的被子植物早在白垩纪早期便已经出现了：人们在这个时期的沉积岩中发现了它们的花粉。但是直到白垩纪末期才发现了它们大量遗留的化石，以无可辩驳的方式证明了它们在该时期的繁荣状态。现在仍能在自然界找到这些植物先辈的代表，比如悬铃木科、五加科或是木兰科植物。而在白垩纪的下半叶，角龙、甲龙、肿头龙和鸭嘴龙将纷纷登场，占据腕龙、剑龙等其他植食恐龙所遗留下来的生态位。

（左上图）现在大自然中仍能看到木贼属植物，但无论是从数量还是种类多样性来看，该属植物都远不及恐龙时期茂盛，它们如今比较"低调"，极不起眼。蕨类植物似乎更好地经受住了被子植物的侵袭，从左下图和下图中的叶片化石便可想见它们在自然界中生存了多么长的时间。蕨类植物出现在古生代，远远早于恐龙繁盛的时期，这种生命力顽强的植物经历了非凡的变化，演变出多样的形态，这两幅图中的中生代蕨类植物叶片化石便是很好的例证，左下图是来自康汝尔（瓦尔省）侏罗纪—白垩纪过渡期的叶片化石，下图为东南亚侏罗纪时期的叶片化石。

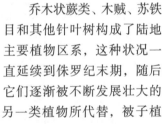

## 种群与动植物迁移：征服领地还是古代地理变迁所留下的痕迹

很久以来，地质学家和古生物学家发现分布在不同大陆的恐龙群体具有一定的相似性。1912 年，"大陆漂移学说之父"阿尔弗雷德·魏格纳在构建自己的理论时甚至将这一点作为依据：马达加斯加、印度和巴塔哥尼亚地区的恐龙种群表现出某些相似点，这绝非偶然。根据"大陆漂移学说"的板块运动机制得出的"板块构造学说"如今获得了广泛的认可，在恐龙一统天下的时代，这种大陆漂移运动使得地球的面貌发生了翻天覆地的变化。在三叠纪，所有露出海面的陆地汇聚形成了超级大陆——泛大陆。而整个中生代，随着各大洋的逐步扩张，这一片广袤的陆地将慢慢分裂，各奔东西。距今 6400 万年前，地球表面的样貌已经与我们今天所看到的世界布局十分相近。近几年，人们把在非洲（特别是尼日利亚和喀麦隆）发现的白垩纪早期的恐龙化石与巴西出土的化石进行了对比，发现了极其重要的古生物学论据，能够确定南大西洋扩张形成的年代。同样，白垩纪晚期恐龙不同种群的分布也能说明各大陆之间过去的确存在着某些联系，只不过今日已不复存在了。所以，恐龙迁徙能够证实古地理学

（左图）某些植物的化石保存了诸多细节，人们甚至可以从中明确地辨别出它们的属别和种类。图中所示的是一种木棉属植物（*Bombax sepultiflorum*）的化石，为普罗旺斯地区艾克斯渐新世时期的被子植物，化石上可以清晰地看到花的雄蕊。在白垩纪时期的格局中，开花植物的出现和迅猛发展可能彻底改变了植食性恐龙的饮食习惯。

古老的被子植物曾经统治了整个地球，其中木兰科植物生存至今（上图），硕大优美的花朵令它仍然享有盛誉，而当时可能是中生代某些植食性恐龙的盘中餐。

的类型说。反之，地球上某些地区一开始便处于地理隔离的状态，生活在此的恐龙种群却因而出现了多元变化，发生了不同于其他大陆的演变。

## 恐龙灭绝的相关数据

　　如果说恐龙长达 1.5 亿年的地球霸主地位创造了神话般的魔力，让人们浮想联翩，那么恐龙的灭绝就更让它们名声大震了。这也许是最能激发公众兴趣的科学谜题之一。然而，地球生命的历史长河中，很多其他动物种群也遭遇了灭顶之灾，它们的消亡笼罩着同样的谜云。

　　2.5 亿年前发生的生物大灭绝标志着二叠纪向三叠纪的过渡，却远不如恐龙灭绝事件那样让非专业人士如此着迷。中生代之王的灭绝常常让人们淡忘了在同时期消失的其他诸多种群：翼龙、鱼龙、沧龙、

在这幅埃莉诺·基什的作品（下图）中，可以看到一只肿头龙厚厚的脑袋。这只肿头龙藏在白垩纪末期郁郁葱葱的浓密植被之中，躲避着倾盆大雨。世界末日，大雨如注，此番图景常常出现在老式作家的脑海里，所以他们的描述往往充满神秘色彩而缺乏科学根据。

蛇颈龙，以及许许多多无脊椎动物，例如菊石、箭石、厚壳蛤，都没能在距今 6450 万年前，白垩纪至三叠纪的过渡时期之后存活下来。不过，全球范围同时突发绝灭事件仍然只是一个假设，有待证实。恐龙究竟是遭遇了某种大规模的灾难而同时死亡，还是慢慢地走向种群没落，无可避免地消失了呢？没有任何不可辩驳的论据倾向于两种可能性中的任何一种。为了解释这一灭绝现象，目前人们已提出 60 多种理论，却没有哪一种能使所有古生物学者心悦诚服。

从天而降的滂沱大雨并不能合理地解释恐龙的离奇死亡，特别是现在可以比较肯定白垩纪末期的灭绝现象与一次大规模的海退有关。大批伪科学假设试图胡乱解释恐龙时代的完结，这才是一场摧毁一切的灾难。

## 从骗局到有科学支持的假设，60 多种理论无所不包

无论是灾变论还是渐代进化论，人们对恐龙的灭绝原因提出了种种假设，当然它们的科学价值参差不齐，极为不同，其中很多只不过是

天马行空的想象。从最严肃认真的假设到最荒诞不经的怪论，这些理论可以被划分为7大类，其中，食物引发灭绝的假设包括：例如食物匮乏或食物过剩，昆虫摧毁了某些植被，植物存在有毒物质而引发中毒，等等。

有些学者从恐龙自身找原因：种群衰退、代谢失常、心肌梗死、恐龙蛋无法孵化，还有因为极度忧郁或过度愚蠢而引发自杀行为，其他学者则试图从生物侵害的方面解开谜题：流行病，寄生现象，肉食性恐龙吃掉了所有植食性恐龙，然后自相残杀，饥肠辘辘的小型哺乳动物吞噬了大型爬行动物的卵……如果气候方面的原因可以概括为气候变暖、气温骤降、洪水或干旱，那么地质和大气方面的原因则是数量最多的：火山灰、有毒气体、地球自转轴线的位移、山峦的隆起、地球大爆发导致太平洋盆地形成从而分离出月球的过程，海退和海侵。一直被提及的当然还有天文学方面的原因。把所有这些原因罗列个清单，那简直就像雅克·普莱维尔的诗歌一般，这也揭示了另一种消亡，那便是科学思想的枯竭。

在近些年提出的中生代大灭绝事件的原因之中，最为引人注意的莫过于火山喷发导致的灾难，以及近地小行星经过所造成的惨剧。弥漫全球的大火和火山喷出的火山灰（上图为埃特纳火山）对生物造成了灭顶之灾，给地球带来了世界末日一般的灾难。而彗星（对页右下图是哈雷彗星）会周期性地经过我们所在的恒星系，到目前为止并未造成某些人常常预言的灾难性影响，所以小行星经过很难成为选择性灭绝现象的成因。

## 从科学的层面来看，目前能够相互抗衡的只有三种理论

这三种理论的优点是具有整体性，因为它们都试图解释中生代末期整体灭绝的现象，而并非仅仅关注恐龙的消亡。此外，这三种理论均以事实为基础而进行解释论证（虽然解释本身仍然有待讨论）。近几年，大众对于天体物理学的兴趣升温，推动了小行星

撞击地球理论的发展。来自美国加州大学伯克利分校的阿尔瓦雷茨教授提出这一理论，因为他和团队在标记白垩纪和三叠纪界线的沉积层中发现含量极高的铱元素，铱在地球上相当罕见，却是太空物质所富含的元素。

　　一颗巨大的小行星或彗星的彗核撞击了地球，释放了大量的灰尘，使得地球在数月间不见天日。植物停止了光合作用，食物链因而开始断裂，引发了包括恐龙在内的某些动物的死亡。但这一假设尚未得到所有科学家的共识。事实上，在其他地方还发现了一些铱元素富集的现象，却无法与大规模灭绝建立什么联系。况且众多动物种群在如此脆弱的生态环境中依然

马克·哈利特为这幅油画取名《新一天的黎明》（左下图）。图中，小型哺乳动物占领了一只三角龙的尸骨。这幅图似乎在预示：经历了漫长的等待之后，哺乳动物将恐龙的遗骸踩在脚下，准备出发征服世界。不过是不是真如某些理论所说，它们是中生代大型爬行动物走向末路、最后灭绝的罪魁祸首呢？实际上这种假设不大可能。因为哺乳动物只是在第三纪初期借恐龙绝灭之机占据了它们所留下来的空的生态位，如此而已。

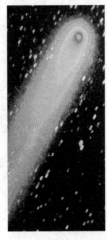

存活了下来，灾变理论也无法给出任何解释。而撞击的地点呢？至今都未找到！第二个值得重视的假设也是不久前提出来的。几乎相同的场景，原因却有所不同。一些研究人员认为，铱元素富集于某些地质层，只不过是火山频发的结果。印度德干高原始于白垩纪至三叠纪过渡期的玄武岩便可以证明这是一场"缓慢渐变的灾难"。空气中弥漫着火山喷发所释放的大量火山灰，大气慢慢变暗，对植物和动物产生同样的影响，只是没有小行星撞击地球来的那样猛烈和突然而已。但这种假说面临着地质学和生物学方面诸多无法

最后一只恐龙究竟是谁？也许是（下图）这只经历了漫长的垂死挣扎，倒在冷杉脚下的剑龙？这种疑问其实并没有多大意义，但其中却隐藏了一个最根本的问题：有些古生物学家认为恐龙的灭绝与其他同一时期消失的种群一样，应该持续了100万年，甚至200万到300万年的时间。

解释的事实，需要若干年的研究才能确认或否定这种理论。

## 白垩纪大海退

海退学说虽然多年遭遇批判，却从未被完全驳倒。1964年，莱奥纳尔·金兹堡根据已知的世界性地质事件——白垩纪末期的大海退，提出了这一理论。当然，沿海地带海水波动涨落，造成海退或海进，在地球的历史中并非罕见，但是这一次海退现象规模巨

恐龙消失所持续的时间应和第一个人类出现至今的时间相当。有些专家认为，其实在人类中也许能观测到类似现象。就像所有与生命历史相关的问题，这里涉及的时间跨度，这是一个极难测量的参数，人类思维有时也很难适应这样的跨度。

大，引发了中生代的衰落。海水退却到原海平面 200
米以下，裸露出一大部分大陆高地，可能造成该地区
依附于海洋环境生存的大量海洋生物的消亡。

## 露出海面的陆地面积增加，引发气候变化，可能导致了陆地动物的消亡

气候逐渐由海洋性气候向大陆性气候转变会导
致季节变化和昼夜温度的明显差异，这对于恐龙，甚
至翼龙等大型冷血动物简直是灭顶之灾，却能让小型
爬行动物，例如解剖构造极其独特的鳄鱼和恒温动物
得以存活。尽管还是存在一定的缺陷，但这种假设构
成了最简单的科学模型，因此也首先是最可靠的。而
事实上，恐龙专家中关心恐龙灭绝原因的人并不多，
至少出于两个原因：一方面，灭绝现象并非恐龙种群
所特有，因而原因也会更为普遍；另一方面，在了解
恐龙是怎么消失的之前，还有太多的事情需要搞懂。
恐龙究竟是什么？这些繁盛了 1.5 亿年的动物，它们
身上还有许多谜题，等待着一代又一代古生物学者来
解答。

# 见证与文献

"多么神奇而不可思议的大块头！
多么震撼人心的动物和植物！
这些奇妙的生物曾经目睹阿尔卑斯山、比利牛斯山慢慢从海面上隆起。
它们曾经在蕨类和南洋杉密布的林荫道中行走。
壮丽的景象，消逝的年代！"

齐默尔曼

# 追踪恐龙

追踪恐龙的学者，行为举止有如探险家一般。他们必须具备出色的才能，无论是辨识地图，挥镐挖掘还是撰写科学描述，都得精通。

从挖掘出土到化石呈现在公众面前，进行恐龙复原工作的专家需要充分掌握实地考察的技能，还必须具备扎实的地质学知识，这样才能施展自己的才能，对化石进行研究。

## 勘察：睁大眼睛，四处行走

不是在哪儿都能发现恐龙化石的，它们只是出现在中生代的地质层，尽管也存在因发生再沉积现象而在之后的沉积层发现骨化石的情况，不过实属罕见，比如在法国图赖讷地区三叠纪砂质泥灰岩中发现的这颗鸭嘴龙的牙齿。根据恐龙所处的陆地生态环境，骨骼要发生石化必须具备一个非同寻常的条件：恐龙的尸体必须很快被拖至一个有水的地方，例如湖泊、河流、池塘、潟湖，这样才能被沉积物保护起来，免遭食腐动物和细菌的侵害和腐蚀，也不会因大气条件而发生物理化学质变。所以说并不是所有的中生代沉积层都能找到恐龙遗骸，而如果某些地质层发现了化石，通常也仅限于局部地区。

大多数发现纯属偶然。通常最先发现恐龙化石的都是从事地下挖掘工作的人，比如采石工人、矿工、建筑或市政工人，野外作业的地质学家等等。地质爱好者和古生物爱好者的贡献也极其重要，因为他们对某一地区了如指掌，而且一旦空闲便会不知疲倦地走遍整个区域。他们报给专家们

的发现常常具有重大价值。当跨学科科考队在世界上不太知名的地区展开研究工作时，紧张密集的勘探可能会持续数天，甚至几个星期。考察的地点也绝非随便划定的，通常会挑选那些已经发现过恐龙骨化石的地区，或是与出土恐龙遗骸相同地质构成的区域，有可能就会从中发现丰富的化石。

无论哪种情况，"化石猎手"都会从找寻蛛丝马迹着手。碎骨头、牙齿残片，这些散落在地面上的碎块通常十分微小，专家却可通过它们的密集程度、所处位置、相对于地形起伏的走向来推断它们的出处。而只有在地质层中发现骨化石，对古生物学者来说才是有意义的。

## 挖掘

骨架位置一旦被确定，便可以展开挖掘工作。这个阶段可能会采用重型工具以便清理覆盖层上面的土石，比如推土机、鹤嘴锤或爆炸物。对于古生物学家来说，需要尽可能获得最大的挖掘表面，这样才能从顶面出土恐龙化石，而不是像某些业余爱好者常做的那样，像鼹鼠挖洞一样把骨头一根根挖出来。接下来的一步，需要暴露骨化石的上表层，在工作技术上要求更加精细，同时需要尽量将全部骨化石保留在原位：利用锤子、尖刀、钻具、凿子甚至细针，配合使用黏合剂、刷子和毛刷，令仍嵌在脉石中的骨头显现出来。根据沉积层的坚硬程度，这项工作可能会持续几小时，有

野外作业：右边一名技术人员正借助尖头工具剥离剑龙的一根骨头。

时甚至需要几天或几周精心细致的操作。之后，古生物学家将把清理工具换成测绘器材，采集、记录尽可能多的信息：骨化石分布的平面图、层位及走向，在地质层中的姿态，是否掺有其他无脊椎动物、脊椎动物或是植物的化石，沉积层的性质，印迹或足迹，等等。在对沉积层进行采样之后，就要开始准备"请出"这些化石了。

## 采掘和运输

从挖掘地点将骨化石完整采掘并原样收集，是极其罕有的情况。这些化石常常是碎裂的，或具有细小的裂隙，一旦实施采掘便会支离破碎。所以真正的采掘工作将在实验室进行，那里的研究人员和技术员拥有更先进的设备和更好的工作环境。所以专家们并不分离化石，而是将含有化石的沉积层整块取出，并加设一个保护外

在美国的野外作业。下一页照片中是在泰国和在中国展开的挖掘工作。

壳，通常采用石膏封裹整体，以确保化石在良好的条件下进行运输。如果是小型恐龙的骨架，人们将对整个骨架实施一次性石膏包覆，否则就要进行好几次包覆石膏的操作。为此要在整个化石岩层周围挖出很深的沟槽，在采用不同垫料保护骨头之后，将整块岩层的上表面和侧面用石膏绷带包覆起来。接下来进行最精细的步骤，就是用长凿子将整个石膏块从岩层中剥离出来。化石采掘和运输还可以使用聚氨酯泡沫塑料等其他材料，但操作方法是一样的。

## 实验室技术

　　石膏块一旦完好无损地送达实验室，便可以继续清理化石，随即展开漫长的恐龙复原工作。除了使用传统

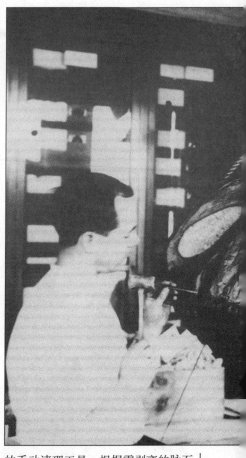

实验室内完成的工作：古生物学家正在复原霸王龙的头骨（右图）。

的手动清理工具，根据需剥离的脉石种类，还会使用到喷砂机、酸洗池、微型气动切割机、电动钻头等等。进行这些工作需要具备精准的专有技术，通常专业技工才能出色完成，古生物学家亲身参与并实施相当一部分的清理工作也是常有的情况。修复工作可能会持续几个月，而如果化石特别脆弱，或是碰到大型恐龙的化石时，

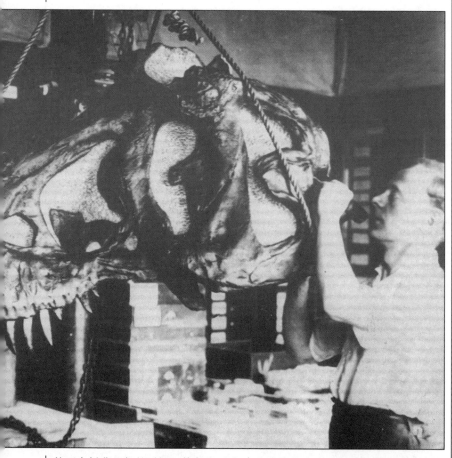

甚至会耗费几年的时间。修复之后化石可能会作为藏品被收藏，或进行组装向公众展示，或是被送回原产地，根据恐龙化石最终的"宿命"可能会使用不同种类的黏合剂、树脂或涂料。有些骨骼的构件会应专家的要求进行模塑，石膏或树脂的复制模型将供全球各古生物学研究机构交流使用。最后，古生物学家才能安静地在自己的办公室专心致志地展开真正意义上的科学研究：辨识骨头、描述、对比，对数据的信息化处理，发表研究结论或提出假设，也就是说，专家们将请骨化石"说话"，让它们讲述自己的故事。

让-盖伊·米洽德

# 化石：
# 地球时间的标志物

将地质年代中发生的事件按时间排序，并了解它们之间的时间间隔，也就是建立年代序列，这便是生物地层学所要解决的问题。

与历史学家不同，地质学家和古生物学家缺乏书面文献资料做研究依据，对于他们而言，那些标记时间、记录地球数百万年历史进程中所发生的事件的档案，都封存在岩石之中，而且主要蕴藏在沉积岩之中。

## 地层学几大定律

由不同层面构成的沉积岩系首先呈现的是时间剖面，反映形成层系沉淀所需要的时间，同时因层系内封存了地质和生物事件而再现了它们的先后顺序。研究了解这些事件便可得出以下三大定律：

●构造层叠置定律：在水平方向沉积的层状岩层中，先形成的岩层位于下面，覆盖在上方的都是更新的岩层。斯泰诺早在17世纪便提出了这一定律。

严格遵守该定律会遇到无法解释的现象，特别是当岩层沉积之后发生了地质构造运动，因而改变了岩层的顺序，从而造成了一些被称为"倒转地层"的岩系，这时应将底部岩层认定为最新岩层。此外，还有一些其他例外情况，例如火山侵入、岩脉填充，这时都无法严格应用该定律。但大多数情况下该定律都适用，特别是对于沉积盆地，因为这一定律就是根据沉积盆地的构造而定义的。

●连续定律：对于特定岩层，该层面的所有点都出于同一地质年代，也就是说，岩层是同一时间沉积形成的。该定律触及了更精确的时间概念，但依然会遭遇一些重大障碍，这一定律无法完全适用。例如，无法确保岩层在整个地理延伸面上都是连续的。岩层的露头状况，岩层被植被覆盖而消失，侵蚀造成岩层缺失，这些都是主要障碍，而且司空见惯。此外，在海进时期沉积而成的岩层，层面上所有点不会出自同一地质年代，而是随着海水的推进时间越近，年代越新。

从地质时间的角度，首先会根据外貌（实际上是根据岩性特征）来辨识和确认沉积岩层。然而地层学方面所取得的进步也会暴露一些问题，例如，石炭纪因形成了蕴藏丰富的煤层而得名，但这些煤层也可能是在石炭纪之前或之后的时期沉积形成的。这种发现会引导研究者自然而然地寻找并考虑其他因素，以避免出现类似问题。

●古生物身份识别定律：地质学家由此便将沉积岩层所蕴含的化石作为地质时间的标志物。所以，含有相同古生物种类的沉积岩层就应被视为出自同一地质年代。这一古生物识别定律实际认同了以下几个事实；首先，古代的生命体与现在的形态有所不同；其次，物种的寿命是有限的；最后，物种之间存在某种连续性。在最先提出化石在地层学研究的重要性的领军人物中，布龙尼亚不仅积极地

捍卫这一定律，甚至认为化石在决定岩性特征方面具有决定作用。为了支持自己的理论，他将白垩纪时期英国布赖顿地区的动物群与法国迪耶普以及默东地区的动物群进行了对比，从而第一次提出：同一地质年代，两个在地理上被分隔开来的地域却存在关联性。

## 地质年代测定：“相对”和“绝对”

通过相对时间顺序可以知道某个沉积层与其他某个岩层的时间先后，但无法判定它的绝对年代。而通过测量岩石所含矿物质的放射性指数衰变，以定量数据进行绝对年代测定，却能够确定岩层更加精确的年代。

通过回顾便可以发现，大多数情况下，借助化石所展开的多种多样的生物地层学研究都能获得令人满意的

答案。但仍然存在一些"行不通的"情况，也就是无生代的现象，顾名思义，这个岩层不存在任何生命的迹象。采用传统的相对年代测定，这个困难看似难以解决，但无论如何还是可以解决的：或者通过绝对年代的测定，或者通过与无生代地层相交，本身可测定年代的岩层来推断。

直至今日，通过识别古生物身份进行地质年代测定这一方法的科学性从未遭到过质疑。绝对年代测定方法固然取得了一定的进展，但大多数情况下生物化石依然是值得信赖的。

## 年代地层单位的划分

一旦确认了地质事件和生物事件，并且知道两个相邻事件间隔的合理近似值，那么剩下的就是要设定一个时间表，或者确立事件之间的时间间隔分界。

最简单的想法是，无论地层为何种类型，只要是厚度相同的沉积岩系对应的沉积时间都是相同的。这种想法是不准确的，因为沉积速度取决于很多因素，不同地区的同一沉积岩系可能会出现几十米到几千米的厚度差别。同时还需要发现、辨别多种多样的地质现象，比如说一方面会出现沉积间断的现象，一方面又存在整合现象（各个沉积层面之间没有任何角度差异，说明这是沉积过程中未发生重大变化的规律性沉积）。突出强调一些其他现象，比如海侵（海岸线向陆地的整体推进运动），或是相反的现象——海退，能够建立沉积周期的概念，有助于设立分界。不过在这里，古生物学方面的论据再次成为设立分界最具说服力的理由。

切记，虽然分界是人为设定的，但仍然必不可少，它可以为实际上连续不断的时间轴确定标记。所以，就像把时间分成秒、分钟一样，需要提出一些等值单位，以便确立地质时间顺序。根据其重要性，这些单位分别是：

●生物带：发现同种类化石的地区，这里对应的仍是化石地层学的概念。

●阶：由生物带的集合构成。这个概念是奥尔比尼在1852年提出的，"阶"根据海洋岩系中某个特定地点的地质剖面而定义，以层型为参照，通常都会以该地区命名。所以吉维阶的名称便来自阿登省的吉维村落，该层型正是在那里得到的定义。定义"阶"的基准是必须出现了一个新物种并对应一次海侵。海退则标志着阶的顶端，但对它的古生物定义依旧含混不清（尽管下一个阶的基准可以作为标记）。

●"系"是"阶"的上级单位，以沉积周期定义，包括所有的阶。"系"一般以英国东南部的某个地区命名，但侏罗系是由侏罗山一词演变

地层学分界是将生物事件和地质事件在时间上定位的唯一方式。

而来的，而白垩系的名称则源自"白垩土"一词。

●系集合成"界"，"界"主要依据古生物学或地层学方面的标准建立，特征一般为出现了重大深刻的植物群或动物群的交替更新。古生物学方面的论据依然起到决定作用，尤其提供了动物种群消亡的证据。所以三叶虫和纺锤虫的灭绝标志着古生代的结束，而菊石、恐龙、飞行爬行动物和海洋爬行动物的灭绝，则标志了中生代的结束。

地层划分的标准还很不完善，或者不如说在比较长的一段时间内仍有待改进。而将局部观测得出的结论进行推广和普及，这样做也不是毫无风险的。尽管如此，这种划分仍然是根据大家都认可的规则确立的，因而形成了一套国际通用的语言，它的内容也在生物地层学大会和相关交流中不断地被精炼、细化，并不断复核。此外，这是唯一能将生物事件和地质事件在时间上定位的方式。当对沉积岩系无法进行绝对时间测定时，这仍是无可替代的解决方法。

摘自埃尔韦·勒列夫尔
《沿着恐龙的足印》
发表于《历史和考古文献》第 102 期

# 化石与大陆漂移学说

化石不只是地质时间的标志物，它们也见证了地球上不断变化的地理现象。因为化石的分布不仅与过去的气候状况有关，而且也会反映出相关生物生活时期存在的交通路径。

1912年德国人魏格纳提出了著名的大陆漂移假说，而在此之前早已积累了一些地质和古生物学方面的数据，让人们感到，这颗星球连绵不断的地理面貌在时间长河中发生了很多变化。自19世纪起，斯奈德等作者已经大胆预测大陆是经漂移才达到现在的位置的，但是他们都没有提供令人信服的论据以支持这一假说。在远隔重洋的大陆上却发现了具有惊人相似性的动植物化石，为了解释这种现象，人们想象这些大陆曾经由延伸出去的长长的陆地相连，生命体通过这些陆桥完成迁徙，而陆桥后来被海水吞噬或淹没。魏格纳第一个抨击了陆桥理论，并提供了一整套论据，从而得出这样的结论：事实上所有这些露出海面的陆地过去都曾经集合在一起，形成单独的一整块陆地——泛大陆，泛大陆后来四分五裂，形成的各大陆板块随后因位移而逐渐分离。

## 有袋动物的例子

为了支持自己的理论，魏格纳提供了一系列资料，重要性各有不同，其中动物地理学、古生物学和古气候学方面的论据最具说服力。他尤其看重有袋动物的分布。作为澳大利亚动物群的典型代表，有袋哺乳动物也出现在了南美洲，目前还有一个种群——负鼠，其分布甚至深入了北美大陆。相反，正如华莱士早在19世纪末所提出的，在距离澳大利亚相对更近的巽他群岛，却并没有发现任何有袋动物。魏格纳将这一分布视为他大陆漂移理论的有力论据。他认为，事实上在有袋动物蓬勃发展的时期，也就是新生代初期，澳大利亚与南极洲是相连的，而南极洲又与南美洲最南端相接。所以那时澳大利亚的陆地动物可以自由前往南美洲，这段距离并不十分遥远。相反，巽他群岛与亚洲相连，因而与澳大利亚之间被一片浩瀚的大洋隔开，遥不可及。只有很久以后南美洲、南极洲和澳大利亚才变成独立的大陆板块，并逐渐漂移到今天的位置，这样就能合理地解释为什么如今有袋动物种群分布如此零散。而陆桥理论认为所有大陆一直处于现在的位置，采用该理论分析解释澳大利亚与南美动物种群之间的类同，可以想见是多么困难。

魏格纳还再次引用了其他很多动物地理学和古生物学的数据资料来证明大陆漂移理论。由于对非洲和南美洲之间的关系十分感兴趣，他提出了中龙的例子，这是一种生活在二叠纪，也就是古生代末期的小型爬行动物，它的化石仅出现在南非和巴西，迄今为止其他地区都未曾发现，除了南美洲和非洲曾经毗连，还能怎样解释这样的分布情况呢？此外，自然界中的海牛目前生活在西非和美洲热带地区的河流以及温暖的浅海之中，这种体形巨大的海牛目水生哺乳动物根本无法穿越大西洋。魏格纳认为，对此分布最简单的解释就是大西洋并非一直像现在这样浩瀚宽广，它是逐渐形成的，通过南美洲和非洲两个大陆板块的逐步分离达到了今日的规模。不过，由于对海牛古生物演化史一无所知，所以对它们地理分布零散的这一解释仍有待考证。

## 舌羊齿大陆

魏格纳同时运用了古生物学和古气候学论据，作为支持自己理论的最主要论据。在南美洲、非洲南部、印度和澳大利亚所发现的二叠纪早期的植物化石中，都出现了大量的舌羊齿属植物。舌羊齿属植物群由生长速度适中的植物构成，意味着当时气候温和——甚至可能是寒冷，至少比北部大洲的气候更为寒冷，因为北部地区植被旺盛繁茂，说明北部地区为潮湿的热带气候。南美洲、非洲、印度和澳大利亚所观测到具有相似性的植物群落一方面说明这些陆地当时汇聚在一起，构成一整块大陆，称为冈瓦纳古陆；另一方面说明发现舌羊齿属植物群的区域当时处于同一个海拔，位于温和-寒冷的区域，所以这些地方应处于与南极完全等距的地方。接下来魏格纳要做的就是将南美洲、非洲、印度和澳大利亚围绕南极洲重新拼接起来，然后标明极点的位置。

## 南大西洋的扩张

现在我们来谈谈中生代的最后一个时期——侏罗纪。通过对南美洲和非洲侏罗纪早期脊椎动物化石进行对比分析，同样可以获得丰富的信息。

1966 年，法国国家自然历史博物馆古生物研究所的 F. 德·布鲁安和 P. 塔凯描述了生存于白垩纪早期尼日尔和阿尔及利亚南部的一种巨大的水栖爬行类动物——帝鳄。不久之后，P. 塔凯在尼日尔盆地对著名的加杜法恐龙矿层进行了勘探，发掘出该巨型鳄鱼更加完整且保存完好的标本。而早在 19 世纪，人们就在巴西东北部的巴伊亚盆地发现了白垩纪早期的一种大型爬行动物的遗骸碎片。巴黎第六大学的 E. 比弗托对这些遗骸进行了再次研究之后，认为它们毫

无疑问地与帝鳄出自同一属别。尼日尔盆地和巴伊亚盆地之间动物群落的相似并不仅限于大型爬行动物，因为法国国家自然科学博物馆的 S. 文茨随后还指出，这两个地区都发现了一种腔棘鱼类化石——莫森氏鱼。如果将南美洲和非洲再次组合在一起，我们会发现巴伊亚盆地与加蓬盆地相连，后者同样蕴藏着丰富的白垩纪早期的沉积层，所包含的淡水鱼类群体与在巴西和尼日尔所发现的都十分接近。

另一个沉积盆地——塞阿拉盆地位于巴西东北部，出土了与巴伊亚盆地几乎同一时期的动物化石，其中发现了一种鳄鱼——阿勒莱皮鳄，以及一种龟——侏罗纪陆龟。P. 塔凯和 E. 比弗托在尼日尔盆地也发现了同

一属别的鳄鱼，F. 德·布鲁安则确认了同一属别的龟。

因此，所有古生物学资料都指向了同一个结论——正如刚刚提到的那些动物群落所证明的那样——白垩纪初期南美洲和非洲这两个大陆之间明显是连接在一起的，这个时期被地质学家称为阿普第阶。而当时巴伊亚盆地和加蓬盆地是一体的，它们构成了一整个湖泊，横跨两个大洲。然而，在阿普第阶不久之后，也就是阿尔布阶，以菊石为特征的海洋层将侵占这个盆地，标志着大西洋的扩张，南美洲和非洲由此被分隔了开来。所以，古生物学数据能够精确地推断这两块大陆分离的时间。

对于南美洲和非洲之间的关系，其他属别的脊椎动物也提供了补充信息。爪蟾是生活在非洲的一种两栖动物，从上白垩纪时期一直生存至今，而南美洲则发现了第三纪初期的爪蟾化石。在两个相隔遥远的大洲发现了同一种动物，乍看来是很奇怪的。巴黎第六大学的 J.C. 拉热认为，这种现象可能是白垩纪晚期位于鲸湾和里奥格兰德的大西洋皱褶浮出水面所致，也就是说暂时出现过一种大陆桥的结构，不过仅此一次。另外，不能排除蟒蛇科的玛德松纳蛇也曾走过同样的道路，因为在非洲大陆和马达加斯加的白垩纪晚期地层，以及南美洲第三纪初期的地层都发现了它的踪迹。而

J.C. 拉热的解释看来更有可能，他认为玛德松纳蛇的地理分布只不过是冈瓦纳古陆分裂造成的结果，由此出现了蟒蛇家族的最初代表——蚺科。蚺科在时间和空间上的分布为古代地理构成研究提供了更有意义的资料，因为在白垩纪末期，它们的确深入到了北美洲和欧洲。这一方面说明南美洲和北美洲之间建立了一种新的连接，而在那之前这两个洲是被一道海峡隔开的，另一方面也证明当时北美洲和欧洲是一整块大陆。

贝尔纳·巴塔伊
《历史和考古文献》，第 102 期
1986 年 2 月

# 法国，恐龙的国度

"在整个中生代，法国的土地上遍布着恐龙。普罗旺斯和旺代省的某些化石层甚至被誉为古脊椎动物研究胜地。"

阿尔贝·F.德·拉帕朗

虽说法国的恐龙矿层远没有美国、中国和非洲的挖掘胜地那样壮观，但也相当丰富，在法国有40多个地方发现过恐龙遗迹。虽然化石往往支离破碎，但数量惊人。除了至今尚未在欧洲发现的角龙，恐龙所有重要属别在法国都能找到代表。但很多都保存得不大好，甚至根本无法识别。正因如此，侏罗纪中期到白垩纪晚期的众多大型兽脚亚目恐龙都被归在巨齿龙的名下。虽然知道其中存在着明显的错误，但目前分类不准确也难免。图中仅标明了法国最重要的恐龙化石矿层或矿层积聚区，还有很多地区都曾报告过发现恐龙遗骸，但并不确凿。

无论怎样，现在法国几乎每年都能发现新的化石层，发掘新种类的恐龙化石。

## 图例说明
### 三叠纪化石层

0. 艾雷勒矿层（芒什省）出土了虚骨龙科名为敏捷龙的部分骨骼。

1. 这些地区因发现了原蜥脚下目恐龙而闻名，比如在侏罗省出土了板龙，在安省（勒沙布）发现了槽齿龙。

2. 在默尔特－摩泽尔、吕内维尔和圣尼科拉德波尔发现了板龙和槽齿龙。在吕纳维尔还发现了一种小型虚骨龙的牙齿。

3. 索恩－卢瓦尔省的皮埃尔克洛附近发掘了板龙的化石。

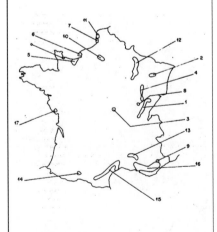

4. 侏罗省的穆瓦塞化石层以及上马恩省的维奥洛与默兹河畔普罗旺谢尔出土了板龙化石。

## 侏罗纪矿层

5/6. 塞纳河河口地区分布了数量众多的化石区域（卡昂、阿尔让、滨海维莱尔、迪沃河、翁夫勒尔、阿弗尔地区和科区），发现了好几种恐龙的骸骨，大型兽脚亚目的巨齿龙、皮尔逊龙（扭椎龙）、仍未确定身份的虚骨龙科恐龙，以及一只剑龙科的勒苏维斯龙。

7. 滨海布洛涅地区因发现了蜥脚亚目、巨齿龙科和虚骨龙科的恐龙而著名。该地区发现了原始鸟脚亚目弯龙的骸骨，但可能已在战争中被毁。

8. 因出土了大型蜥脚亚目沟椎龙、巨齿龙的骸骨，以及巨齿龙科恐龙的骸骨，使得侏罗省的当帕里成了法国最引人注目的化石层之一。

9. 1971年在瓦尔省康汝尔侏罗纪－白垩纪过渡时期石印灰岩层，出土了一具小型美颌龙的完整骨骼。

## 白垩纪早期矿层

10. 布雷地区和维莱尔－圣－巴特勒米（瓦兹省）出土了蜥脚亚目恐龙的遗骸。

11. 加来海峡省的维姆勒采集到的恐龙骸骨大部分都被归到了巨齿龙科。

12. 默兹省、阿登省（加牧）以及上马恩省（瓦西）的好几个化石层，由于发现了巨齿龙科（挺足龙）和禽龙超科（禽龙）而闻名。

13. 过去曾经在贝端和蒙德拉贡（沃克吕兹省）采集到一只小型蜥脚亚目恐龙的骸骨，后来，人们又在加尔省的丰镇和塞尔维耶尔附近发现了兽脚亚目恐龙的牙齿化石。

## 白垩纪晚期矿层

14. 在上加龙省圣马尔托里附近，曾发现了鸭嘴龙科恐龙的颌骨碎片。

15. 一直以来，朗格多克地区因其恐龙化石层而著名。在埃罗省的一些地方，发掘出大量白垩纪末期的恐龙遗骸：禽龙超科的凹齿龙、鸭嘴龙科的正骨龙、蜥脚亚目的高桥龙和巨龙、甲龙科的厚甲龙，还有大大小小的兽脚亚目恐龙。

16. 普罗旺斯地区具有众多化石层，是最著名的恐龙化石地区之一。瓦尔省和罗纳河口省的大量地点都采集到了种类多样的恐龙群化石，可与朗格多克地区（15）媲美。此外，埃克斯－普罗旺斯地区的恐龙蛋化石层世界闻名。

## 恐龙足印矿层

17. 旺代地区的韦永景点并不是法国境内唯一的恐龙印记化石层，但绝对是迄今最蔚为壮观的一个。

让-盖伊·米洽德

# 人类诞生前的世界

如何再现消失的世界？怎样冲击读者的想象力？自从被发现起，恐龙便被媒体拿来大做文章。虽然对它们的科学认识尚模糊不清，但它们的出场方式可真是异于寻常！

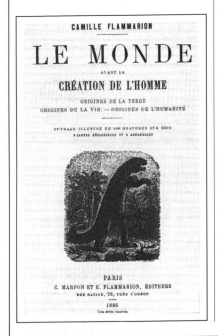

## 在遥远的年代，沉睡中的巴黎对未来一无所知

一片远古森林连绵不绝，如同幽暗的大幕覆盖了比利时、德国和整个法国。那时的塞纳河，河面有现在的10倍之宽，淹没了如今辉煌发展的法国首都巴黎所在的整个平原地区。鱼儿在波涛中尽情追逐，鸟儿在岛屿上放声歌唱，爬行动物在岩石间穿行而过，如今它们都不复存在了。那是个完全不同的世界：不一样的动物和植物，不一样的温度和气候……

禽龙和巨齿龙为寂静的森林带来勃勃生机。那里生长着许多参天大树，乔木状的蕨类、封印木、苏铁科植物和千万种针叶树，或伸展着角锥状的树冠，或长着郁郁葱葱的穹形圆顶。样貌如袋鼠一般的禽龙，身长可达14米：它们的爪子若是搭在今天的楼房上，便能在六层高的阳台上进餐呢……多么不可思议的大块头！跟现在的世界相比，是些多么令人震撼的动物和植物呀！人类的想象力曾经虚构了半人马、农牧神、格里芬、树精、奇美拉、食尸鬼、吸血鬼、七头蛇、龙和塞伯拉斯等，而恐龙是比这些精灵鬼怪还要令人难以置信的生物，而且重要的是，它们是真实存在过的：它们曾经在远古森林中生活过，它们曾经目睹阿尔卑斯山、比利牛斯山从海面缓缓隆起，直冲云霄随后又再次沉落。它们曾经在蕨类和南洋杉密布

的林荫道中行走。壮丽的景象，消逝的年代！人类的目光从未凝视过你，人类的耳朵从未聆听过你的和谐之音，在你奇异迷人的景致前，人类的思想还未被唤醒。白天，阳光的照射下，上演的只有动物世界中的决斗和嬉戏；而夜晚，静静的月亮挂在空中，俯视着沉睡之中毫无意识的大自然。

## 原始巨兽

　　而在这个时期，蜥蜴中出现了身披铠甲的巨兽，它们食量巨大，数量众多。人们将它们统称为"食鱼鳄"或"恐龙类"，包括完龙、巨齿龙、林龙、沧龙及其他属别。M. 科塔称它们为"海王星国度中的巨头，身披坚不可摧的护甲，武装到了牙齿，是原始海洋中名副其实的海盗！"

　　它们有着如鳄鱼一般的外形，但是更加修长和灵活：身长为 7 ~ 12 米，头长就有 1.2 ~ 1.8 米，嘴巴开裂超过耳际，张开时足有 1.8 米，一口便能吞掉牛一般大小的动物。龙王鲸(就是曾被称为"帝王蜥蜴"的传奇巨兽)据称可以达到 22 米,这样的身长让它看上去如同全身穿着铠甲、长着鳄鱼脑袋的巨型蟒蛇。

与尼罗鳄相比,这些巨兽中大多数吻部较长,也稍窄一些,而它们状如铁钩的獠牙强劲有力,与恒河鳄或长吻鳄十分相近,它们的名字也由此而来。但它们之间存在巨大差别,不能就此确认它们的形态构型与现在的长吻鳄一样。

原始世界中的鳄鱼身上覆盖着一种结实的骨质鳞片构成的甲壳,厚度和硬度非比寻常,使得它们几乎刀枪不入、坚不可摧。尾部垂直的方向呈扁平状,充当了强有力的桨。矮胖的四足短粗且健壮,几乎不适于游泳,在陆地行走时却恰好能够承受巨型身体的重负。巨大的嘴巴里布满了牙齿,

数量绝对非常可观。

　　这些鳄鱼中的某些变种，例如神秘蜥鳄，身长12米，脚长得如手一般，我们曾经谈到的印记中有些说不定就是它们留下来的。

　　禽龙的牙齿锋利得就像两侧都磨得十分锐利的锯子。眼睛大如圆盘，有的长在脑袋两侧，有的位于比较中间的位置。而刚提到的神秘蜥鳄这一属，双眼则位于头部顶端，距离已经

十分接近。

W. F. A. 齐默尔曼
《人类诞生前的世界》
弗拉马里翁主编，1886

### "失落的世界"博物馆

　　巴黎国家自然博物馆中的比较解剖学和古生物学馆，位于布冯街沿路的植物园内，奥斯特里茨地铁站附近。自地球出现生命以来，人类能够辨认或复原的所有动物的解剖标本，能够让记忆穿越至远古时代的考古发掘物，史前人类的种种印记都陈列于此。这座"消失的世界"博物馆，将地球震荡之中无法消化、隐去的大量化石和骸骨呈现在世人面前，让人有种坐过山车般的惊悚刺激感。

　　庞大的骨架，壮观的胸廓，火车头般的股骨，这些遗骸来自已经灭绝、永远消失的动物，它们占据了整整一层的空间，成为馆中最吸引人的展品。奇观王国的各色明星，静静向人们证明：大千世界，无奇不有。

　　这些史前时代的古老动物，体态各异，但都身形巨大，不仅为幽默作家提供了创作灵感，也吸引着年轻的新婚夫妇周末拽着父母前来参观。几乎每个礼拜，在美国讽刺小报上都能看到至少两只猛犸象和一只梁龙，在它们身上，作家们极尽庞大怪诞之能事。无论哪一天，都会有参观者站在

车库般大小的巨象胸廓前,人类平庸的感慨油然而生。"这么大腰围!……我的天!我说,这家伙要是踩到你,你会怎么样?……它要是打个喷嚏会怎么样?……这哪是肋骨,简直是滑雪板!……滑雪板?别傻了,这多像桅杆哪!……"大部分的参观者,都远未被造物者的神力所震撼,只是在对骸骨的膜拜中,开着笨拙的玩笑,然后争先恐后地奔向某个弥漫着汗臭味儿的电影院,看着蹩脚的电影,满足对恐龙的所有想象。

而我和其他几个人,我们站在梁龙面前,想象着它当时吃的草有多高,它呼吸了多少新鲜空气才能支撑齐柏林飞艇一般的庞大身躯。然而这里展出的只是一个复制品,一个虚幻的亡灵而已:真正的梁龙标本高 27 米,安放在匹兹堡博物馆里。巴黎展出的只是一个模制品,因此缺少了一些震撼力。这些昔日生性异常敏感的灵魂,现在却感受不到参观者的时时骚扰。

有些学者称,梁龙如卡车般笨重,日夜在发出磷光、冒着火星的泥浆中行走……它们身披波纹海藻和暗绿色粪便,在迷人的绿草地上奔跑,所过之处,一片狼藉,那片被它们摧毁的草地,就是今天我们所说的落基山脉。

经历了 X 光的照射和探测,梁龙往日的庄重之感不复存在,然而,当早已对降落伞、高架桥和装甲车习以为常的人类将目光投向禽龙,依旧会目瞪口呆,震撼不已。这种蜥形纲恐龙,有着拖网渔船般的身躯,洒水管似的脖颈上顶着颗形似鳝鱼的脑袋,显出醉醺醺的样子。禽龙破坏性很强,后爪支撑站立时,便能轻松够到七层高的阳台上的食物,吞掉十来筐牡蛎。饱餐过后,它推倒房屋,不费吹灰之力,尾巴一扫便可掀翻三辆电车,当然,这场面可能有点儿火光四射。即使人类已经习惯看到流线型列车和三十多层的高楼大厦,但馆中陈列的这些曾如树木般苗壮生长、笨重无脑、好几吨重的庞然大物,依然会闯入我们的内心,强烈震荡着在我们灵魂深处潜藏已久的恐惧……

莱昂 - 保罗·法尔格
《巴黎的行人》
福利奥 - 伽利玛出版社

## 被霸王龙追赶

　　这次非比寻常的散步真令我毕生
难忘！月光下，一遇到林中空地，我
便在昏暗中匍匐绕过它们。丛林中，
我几乎是在爬行。当我听到可能是大
型动物路过而发出的树枝断裂的声
音，就立即停下来，心怦怦直跳。黑
夜中，我会模模糊糊地看到庞大的身
影冒出来，随后又消失：这些体形庞
大的身影，悄无声息地四处徘徊，寻
觅猎物。多少次我停下来不断对自己
说，再往前走简直是发疯，前途叵测。
但是每一次自尊都战胜了恐惧，为达
目的，我仍继续出发向前进……

　　我到了一个地点，应该是距离

营地一半的路程，身后一个奇怪的声音突然把我带回到现实之中。这是种介于鼾声和咕噜声之间的声音，低低的、沉沉的，十分可怕。不远处肯定有只野兽，可我什么都看不见，我加快速度往前走。走了将近1千米后，突然间我又听到了那个声音：还是在我身后，但是声响更大，也更加恐怖骇人。一想到这只不知道是什么的野兽在跟着我，我的心不禁慌乱起来，整个人都发狂了，我身上冷汗直流，头发也竖起来了。当然，如果是些怪物互相撕扯，为了生存严酷厮杀，这种假设我到还能接受，但它们有可能反过来对抗现代人类，追踪并猎杀人类，这种前景可就没那么让人安心了。于是我眼前又一次浮现出约翰勋爵手持的火把，照射着吻鼻淌血的怪兽……我两腿发软，膝盖发抖。可我还是停下脚步，转过身去。我的目光沿着月光映照下的小路向下望去，四周静寂无声，就像是梦境中的景象。泛着银光的林间空地，一簇簇昏暗的灌木丛……再也看不到其他什么。接着，那种像是喉咙里发出的咕噜声又响了起来，声音越来越大，而且也比刚才近了好多。绝对没错：一只野兽正追踪着我的足迹，而且离我越来越近了。

我像瘫掉了一般，直勾勾地盯着刚才走过的路。突然间，我看见了它。在我刚刚穿过的空地一端，灌木丛簌

簌抖动，一个深色的巨大阴影突然出现，一蹦一跳地跃进了皎洁的月光中。我不自觉地用了"一蹦一跳"，因为它像袋鼠一样活动，用有力的后腿弹跳，垂直站立，前肢向前弯着。它的个头大极了，好像站起来的大象，不过活动起来动作极其灵活，完全不受影响。我看到它可怕的外形，一时间以为它是只禽龙，我倒是放下了心，因为我知道禽龙是不伤人的。我虽然无知，但很快就明白这是只完全不一样的动物。禽龙的脑袋看上去就很友善，很像三趾植食性动物黇鹿。但这

家伙不一样，它的头颈宽宽的，很粗壮，让人想起癞蛤蟆，就是露营时吓了我们一跳的动物。它那恐怖的叫声，还有紧追不舍的劲头，让我意识到这可能是大型肉食恐龙的一种，这些最可怕的野兽，曾经称霸全球。巨大的怪物继续往前跃进，时不时垂下前爪，大概每隔20米便把鼻子贴向地面，它在嗅我的足迹。有的时候它也会搞错方向，但很快就会发觉跟错了路，继续小跳着朝我的方向前进。

直到今天，当我再次回想这一幕，脑门还是会冒出汗珠。我该怎么办呢？我手里倒是有把枪，但只能对付水上的猎物……绝望之际，我用目光搜寻着岩石或大树，但看到的只是荆棘丛生的密林。我知道那家伙会轻而易举地将树连根拔起，就像拔根芦苇似的。我唯一的出路就是拼死逃命。但在这样高低不平的崎岖地面上怎么可能跑得快呢？我刚好瞥见眼前有条清晰可见的小路，地面坚硬。几次探险中我们都曾见过类似的道路，那是野兽走出来的。也许这样我还能全身而退，因为我跑得挺快，而且身体状况还很不错。我扔下猎枪，然后拼命跑，这真是我一生当中跑得最快的800米。我肌肉酸疼，气喘吁吁，筋疲力尽，由于缺氧，我觉得自己的喉咙都快炸裂了。不过，我可知道追杀我的是个什么样的怪物，所以我一直跑，跑呀跑，最后我停了下来，一

步都跑不动了。有那么一会儿，我以为自己把它给甩掉了。我身后是蜿蜒的小路，什么也看不见。突然间，树枝被折断发出了可怕的巨响，巨兽沉闷的脚步伴随着恐怖的喘息声划破了黑夜的寂静。它就在我身后，而且越跳越快。我死定了！

刚才在逃跑前我居然还磨蹭，真是疯了。开始这家伙没看到我，就追着我的气味，行动比较缓慢。可我一开始逃就被它发现了，那时起它就盯着我紧追不舍，这条小路还指明了我逃跑的方向。它异常敏捷地跃起，绕过了一段弯路。它那凸起的巨大双眼在月光下闪闪发光，大张的嘴巴里，露出排列整齐的令人恐惧的牙齿。我惊恐地尖叫了一声，又开始沿小路狂奔。身后野兽的喘息声越来越近，也越来越真切。现在它的步伐和我的几乎一致，每一刻我都觉得它那利爪要落在我的背上，把我击倒。突然间我掉了下去……腾空掉了下去，周围只有黑暗和一片寂静。

当我清醒过来（也许就昏迷了几分钟的时间），扑面而来的是刺鼻的恶臭。黑暗中我伸出一只手，碰到了一大块肉，而另一只手摸到了一块非常大的骨头。头顶上显现出繁星点点的天穹。光线昏暗，我只能看到自己躺在一个深坑的底部。我慢慢地站起来，感觉全身都蹭伤了，从头到脚都在疼，好在手脚还能动，关节也正

常。我脑海里模模糊糊回想起自己是怎么掉下来的，于是我惊恐地抬起头，担心暗淡的天空中会出现那怪物可怕的脑袋。不过什么也没看到，什么也没听到。我强迫自己在坑里转了一圈，看看我及时跌落的这个地方到底有些什么。

坑的底部有 7 ~ 8 米宽，岩壁光滑陡峭。大块大块的肉已经开始腐烂，几乎将整个地面都覆盖了，发出令人作呕的臭味。我在这些尸块之间跌跌绊绊地走着，突然撞到什么坚硬的东西：那是根木桩，稳稳地插在坑的中央。它高极了，用手都够不到顶，我感觉桩子上满是油脂。

我记得兜里揣着盒点火用的蜡绳，我擦亮了一根火柴，终于看清楚自己掉在什么地方了。我的确摔到陷阱里了——人为布置的陷阱。坑中心的柱子足有 3 米高，上端被削尖，掉到那里的野兽被刺穿，血腐败后染黑了柱子。四周散落着野兽的尸体，它们被切开，这样才能腾空桩子，为下一次捕猎做准备。我记得查林杰曾经说过，人类根本无法在这片高原上生存，因为人类的武器抵挡不了四周的野兽。但现在可以肯定的是，人类的确生存了下来。无论他们是谁，这些土著找到了狭窄的山洞岩穴作为避难场所，那些蜥蜴般的巨大动物根本无法进入。而他们发达的大脑还想出在猛兽出没的小路中央设置覆盖着树枝

的陷阱；这样一来，再凶猛可怕的野兽都不怕了！

岩壁并不是陡直的，一个人只要足够灵活还是能爬上去的。不过在冒险往上爬之前我还是犹豫了很久：我会不会再次落入那没命追赶我的卑鄙野兽的利爪呢？它是不是潜伏在某个

TWENTIETH CENTURY-FOX présente:

COULEUR DE LUXE

Production et m.
IRWIN ALLEN
Scénario:
IRWIN ALLEN et C

MICHAEL RENNIE · JILL ST. JOHN · D

DE VER

矮树丛，等着我这个肯定会再次送上门的猎物呢？我回想起查林杰和萨默里关于这类大爬虫习性的讨论：两人一致认为这些野兽不聪明，它们小得可怜的大脑里根本不能产生理智和逻辑，如果说它们最终灭绝于世，那完全是因为它们生来愚笨，无法适应新的生存条件。想到这些，我又再次鼓起勇气。

亚瑟·柯南道尔
《失落的世界》
伽利玛出版社，1978

# 恐龙网络

挖地三尺，找寻恐龙化石，却发现 7500 万年前有一只恐龙是被子弹射杀而死的，这可足以掀翻古生物学家们的平静世界！但悬念还真不是通过科学手段解开的……

突然间……

背景：

乔治·巴尼耶博士是一名杰出的古生物学家，普罗旺斯地区艾克斯自然历史博物馆馆长。他的助手马克·奥迪贝尔很聪明，但性格内向，寡言少语。这个夏天，两人在圣维克多山脚下巴尼耶的挚友阿尔默兰伯爵的领地里挖掘恐龙化石。到目前为止，一切进行顺利，但是一个不寻常的发现让两人震惊不已：一个 7500 万年前的人类头骨化石！而这仅仅只是个开始。

阿尔默兰伯爵还从没见自己的朋友如此迟钝愚笨过。

他试图给朋友讲道理："你瞧，巴尼耶，你可别这样就被震住了，这也可能不过就是机缘巧合罢了。你们可能只是从错误的数据出发，结果……"

巴尼耶捡起那沉沉的发红的头盖骨，伸直手臂挥舞着它，抛上抛下，他愤愤地说："瞧你说的，我们从错误数据出发得出结论。'错误数据！'就因为我们都知道中生代不可能有人类生存，所以这头骨只能跟我们同代？就是这种笃信蒙蔽了我们的眼睛，对这头骨的石化程度都视而不见了！你看看，阿尔默兰，这是块化石，是化石！

"你仔细看看吧！这些骨头和红黏土紧密地融合在一起，简直就是浑然一体。人类不可能那么古老，我们都在纠结这一点，所以一开始就排除了其他可能性，直接把这骸骨归在现代人里了。这种自以为是让我们没办法正视事实，承认明摆的事儿。可是，从绝对客观的角度出发，我们得承认这是块头骨化石，是个生活在7500万年前的现代人类的头盖骨！

"你怎么一言不发？你觉得我是在瞎扯？"他猛然间转过身去询问助手，马克不禁吓了一跳。

"当然不是！"他激动地反驳道，"我也是这种想法，都好一阵子了……但是我还没敢告诉您。因为这真的是……太吓人了！"

宪兵小队长福热斯陷入苦思冥想，紧皱眉头，一脑门皱纹，他突然开口说道："那通知检察院吧！"

"检……检察院？"巴尼耶吃惊得结巴了起来，"就因为找到了个7500万年前的死人？您不是开玩笑吧！"

小队长有些恼火地说："那这么说，你们是没事儿找事儿了！要是你们都没法分清头骨的主人到底是史前人类还是法国大革命时候死的人，这事儿不就结了吗？"

年轻的奥迪贝尔跟自己的导师一样心绪不宁，他气愤地说道："队长您就别费劲儿挖苦讽刺了！您听好了，一个现代人类——现代的人类——跟这个7500万年高寿的高桥龙同时成为化石，您能想象这发现多让人热血沸腾、激动万分吗？"

"好吧，如果你们确定这跟法律扯不上关系，那我们可走了。不过下次别为这么点儿破事来烦我们。"宪兵小队长简短地说道，带着他的人离开了。

他们渐渐走远。博物馆馆长走在勒托洛内到普罗旺斯地区艾克斯布满石子儿的小路上，不禁生气道："'这么点儿破事儿'！这宪兵把历史上最惊人的古生物学之谜只当成一点儿破事儿！"

阿尔默兰伯爵疑惑地撇撇嘴说："虽然这骸骨明摆在这儿，但那个遥远的年代曾经生活着和我们一样的人类，这点我也很难接受。巴尼耶，还有那些子弹，就是我们在头骨化石里发现的口径不同的巨大子弹，你又怎么解释它们呢？难道说这些生活在中生代的人类具有比我们还先进优越的技术文明？他们还有可以连续发射子弹的武器，而且……"

"天大的笑话。阿尔默兰，你清楚得很，如果说中生代的人类——在我们掌握更多信息之前，暂且先这样叫他们——曾经有过这样的文明，那我们一开始挖掘化石的时候，就应该发现这样的科技遗迹。可对于至今发现的存活于300万年前的最早人类，我们找到的也只不过就是些骨头而已。就算是自然大灾害彻底摧毁了我们所假定的这个文明，我们也本应该——因为这些子弹依然完好无损吧——能采集到其他一些东西，就算是被毁坏，就算是支离破碎，但它们仍然可以证明如此高智商的人类的确曾经存在过。可是什么都没有，一无所获。"

城堡的主人学着宪兵萨尔塞利那样发着卷舌音，开玩笑说道："那好吧，那我们还是开挖吧！我来助你们一臂之力。"

"高桥龙的骨骼看起来像是朝着那些岩石分布排列的，在距离这里12米左右的地方。"奥迪贝尔指着那里说道，"阿尔默兰先生，有您的帮忙，到今天晚上，如果不能出土整个骨头架子，也至少能把骸骨大致的轮廓划定出来了。"

由于没有树木和灌木丛，他们的挖掘工作轻松了不少。此外，地质层由黏土构成，虽然结实，但显然没有岩石那么坚硬。17点，他们实际上已经能够标出散落开来的高桥龙骨骼的整体范围了。高桥龙的脑袋位于陡峭的沙洲脚下，沙洲由圣维克多山最前面的那些断层崖形成，高不过30米。这巨大怪物的小脑袋长在长脖子的顶端，显得十分滑稽可笑。

高桥龙的长形头骨还不到70厘米，鼻子几乎触碰到了岩石。马克·奥迪贝尔指着头骨说道："这巨大的爬行动物却长着鸟一般的小脑子，它跑过来死在岩石边。"

他们借助顶端弯曲的十字镐，刮开了覆盖在头骨上的红色黏土层，他们小心翼翼，只是就地清除了些很容易分离的骨头碎片或土块。那些更加细致的工作，特别是清理工作，随后再实施。

阿尔默兰伯爵突然尖叫起来："见鬼！你们来看看这个玩意儿！"

一小块略微附着的黏土刚巧裂掉了下来，露出高桥龙的顶骨，上面有两个圆圆的洞，之间相隔15厘米，直径大概3至4厘米。

"这是……？"巴尼耶没敢接着说下去，可他的助手却勇敢地说道："这是枪击留下的弹孔！我看就是的！我们试试从弹孔里往下挖，这样不会对化石造成太多损坏……"

他们用十字镐的尖头，小心翼翼地剥离了堵在开口处的黏土，又用漆刷清除了小颗粒和红色尘土。洞的底端出现了一小块圆圆的金属表面。

"现在毋庸置疑了，的确是巨大的子弹，跟我们在那个尾椎骨化石里找到的是同一个口径。"

阿尔默兰提醒他们注意："你们已经看到了，覆盖在骨头上的黏土块完好无损，所以这些子弹应当是在石化前就射进了这怪兽的脑袋！……也可以说，在它还活着的时候！"

"这就意味着这只高桥龙是被……这些子弹杀死的？我们肯定是在说疯话！我刚才说什么来着！"博物馆馆长咒骂道，"你们想想看，我给科学院写这么一个科学报告，题目就是《关于中生代晚期被重型机枪打死的高桥龙的研究》！"

吉米·吉厄
《恐龙网络》
普隆出版社，1980

鲍勃快被翼手龙包围了，虽然……

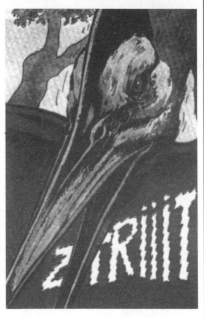

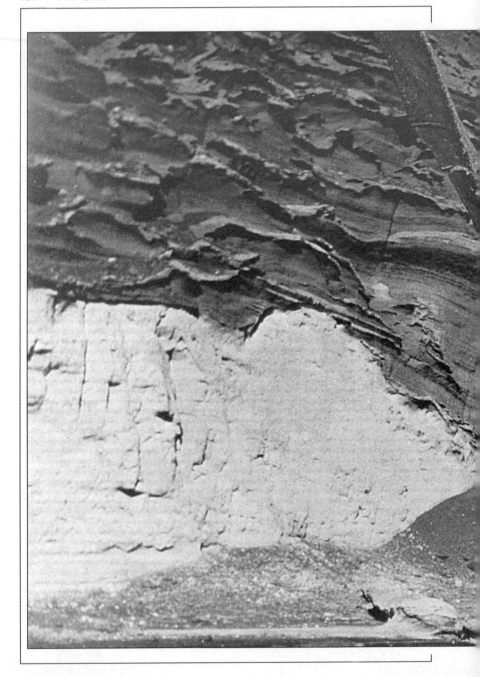

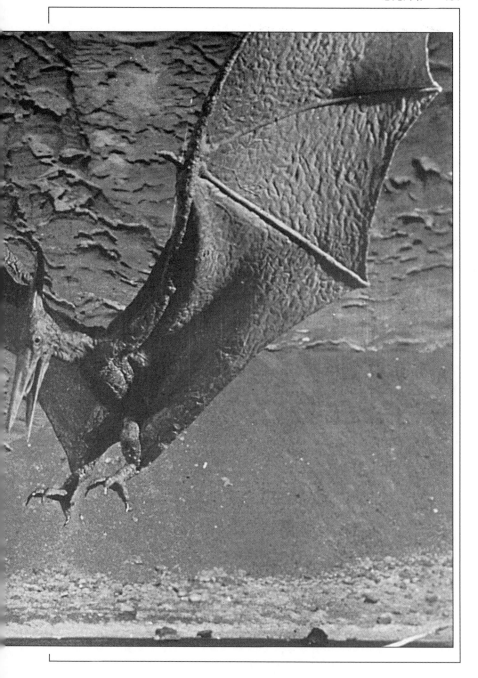

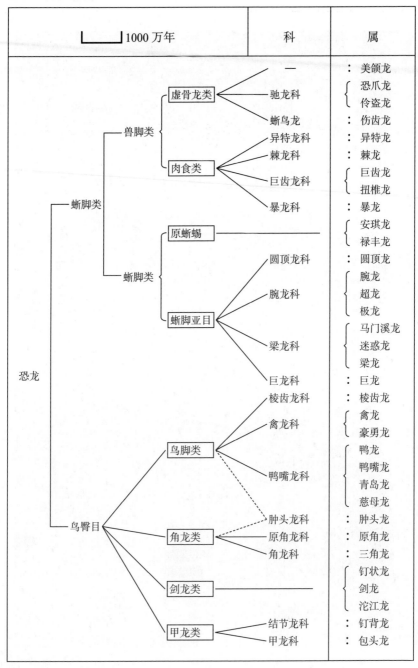

| 1000万年 | 科 | 属 |
|---|---|---|

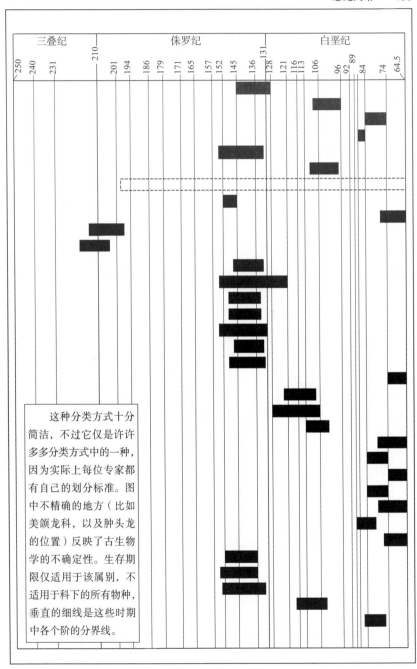

三叠纪　侏罗纪　白垩纪

250 240 231 210 201 194 186 179 171 165 157 152 145 136 131 128 121 116 113 106 96 92 89 84 74 64.5

　　这种分类方式十分简洁，不过它仅是许许多多分类方式中的一种，因为实际上每位专家都有自己的划分标准。图中不精确的地方（比如美颌龙科，以及肿头龙的位置）反映了古生物学的不确定性。生存期限仅适用于该属别，不适用于科下的所有物种，垂直的细线是这些时期中各个阶的分界线。

# 相关博物馆

## 非洲

**– 摩洛哥**
● 地球科学博物馆，拉巴特
**– 尼日尔**
● 尼日尔国家博物馆，尼亚美
**– 南非**
● 贝尔纳·普莱斯古生物研究院，约翰内斯堡
● 南非博物馆，开普敦
**– 津巴布韦**
● 津巴布韦国家博物馆，哈拉雷

## 美洲

**– 阿根廷**
● 阿根廷自然科学博物馆，布宜诺斯艾利斯
**– 巴西**
● 巴西国家博物馆，里约热内卢
**– 加拿大**
● 艾伯塔省立恐龙公园，艾伯塔
● 加拿大国家自然科学博物馆，渥太华，安大略省
● 艾伯塔省立博物馆，艾伯塔
● 雷德帕思博物馆，魁北克省
● 安大略皇家博物馆，安大略省
● 加拿大泰瑞尔古生物博物馆，德拉姆黑勒，埃博塔省
● 卡尔加里动物园，艾伯塔
**– 墨西哥**
● 自然历史博物馆，墨西哥城
**– 美国**
● 自然科学研究院，费城，宾夕法尼亚州
● 美国自然历史博物馆，纽约，纽约州
● 普拉特博物馆，阿默斯特，马萨诸塞州
● 布法罗科学博物馆，布法罗，纽约州
● 卡内基自然历史博物馆，匹兹堡，宾夕法尼亚州
● 丹佛自然历史博物馆，丹佛，科罗拉多州
● 克利夫兰自然历史博物馆，克利夫兰，俄亥俄州
● 美国国立恐龙公园，詹森，犹他州
● 地球科学博物馆，普罗沃，犹他州
● 菲尔德自然历史博物馆芝加哥，伊利诺伊州
● 沃斯堡科学博物馆，沃思堡，得克萨斯州
● 休斯顿自然科学博物馆，休斯顿，得克萨斯州
● 洛杉矶郡立博物馆，洛杉矶，加利福尼亚州
● 比较动物学博物馆，马萨诸塞州
● 亚利桑那北部博物馆，弗拉格斯塔夫，亚利桑那州
● 古生物学博物馆，伯克利，加利福尼亚州
● 落基山脉博物馆，波兹曼，蒙大拿
● 美国国家自然历史博物馆，史密森研究所，华盛顿特区
● 皮博迪自然历史博物馆，纽黑文，康涅狄格州
● 密歇根大学展览馆，密歇根，怀俄明州
● 地质博物馆，拉勒米，怀俄明州
● 犹他州自然历史博物馆，盐湖城，犹他州

## 亚洲和澳大利亚

**– 澳大利亚**
● 澳大利亚博物馆，悉尼，新南威尔士州

● 昆士兰博物馆，布里斯班，昆士兰州
**– 中国**
● 北碚博物馆，北碚，四川省
● 古脊椎动物与古人类研究所，北京
**– 印度**
● 地质研究院，加尔各答
**– 日本**
● 日本国家科学博物馆，东京
**– 蒙古**
● 蒙古科学院地质所，乌兰巴托

## 欧洲

**– 奥地利**
● 自然历史博物馆，维也纳
**– 比利时**
● 伯尼萨特博物馆，伯尼萨特，埃诺省
● 比利时皇家自然科学园，布鲁塞尔，布拉班特省
**– 德国**
● 巴伐利亚古生物与地质历史国家收藏馆，慕尼黑
● 地质学与古生物学研究院，明斯特
● 地质与古生物研究院及博物馆，蒂宾根
● 森肯堡自然博物馆，法兰克福
● 州立自然历史博物馆，路德维希堡

● 自然历史博物馆，柏林
**– 法国**
● 法国国家自然历史博物馆古生物学院，巴黎
**– 意大利**
● 威尼斯国立自然历史博物馆，威尼斯
**– 波兰**
● 恐龙公园，西里西亚省
● 古生物学研究院，华沙
**– 瑞典**
● 古生物博物馆，乌普萨拉
**– 英国**
● 伯明翰博物馆，伯明翰
● 大英博物馆（自然历史），伦敦
● 水晶宫公园，伦敦
● 恐龙博物馆，多切斯特，多塞特郡
● 亨特博物馆，格拉斯哥
● 莱斯特郡博物馆，莱斯特
● 怀特岛地质博物馆，怀特岛
● 英格兰皇家博物馆，爱丁堡
● 塞奇威克博物馆，剑桥
● 牛津大学博物馆，牛津
**– 俄罗斯**
● 地质与勘探中心博物馆，圣彼得堡
● 古生物学研究院科学院，莫斯科

# 参考书目

## 一般性著作

M. 本顿，1986，《关于恐龙的一切》，鹈鹕出版社。

J. F. 波拿巴，E. H. 科尔波特等，1984，《关于恐龙的足迹》，艾丽佐出版社，威尼斯。

E. 比弗托，J.J. 于布兰，1985，《史前动物与它们的秘密》，纳唐出版社，问与答系列丛书，巴黎。

J. 比尔东，D. 迪克森，1985，《恐龙时代》，斯格出版社。

A. 查理格，1979，《全新视角看恐龙》，1979，英国（自然）博物馆，伦敦。

Y. 盖雅 - 瓦利，1987，《化石：洪荒世界的

印迹》，伽利玛出版社。

L. 金斯伯格，1979，《不为人了解的脊椎动物，6 亿年人类起源的演化》，阿歇特出版社。

L.B. 霍斯德，1976，《恐龙》，纳唐出版社。

D. 兰伯特，1986，《恐龙全攻略》，拉鲁斯出版社。

G. 利加布埃，G. 平纳等，1972，《泰内雷的恐龙》，隆伽奈希出版社，米兰。

J. M. 马赞，1983，《恐龙年代》，纳唐出版社，世界尽在掌中系列。

J. M. 马赞，1986，《我们所真正了解的恐龙》，罗谢出版社，科学和发现系列，摩纳哥。

D. 诺曼，2001，《恐龙大百科》，让 - 盖伊·米洽德（译），伽利玛青少年出版社。

D. 诺曼，A. 米尔纳，1989，《恐龙年代》，伽利玛出版社，发现之眼系列。

G. 平纳，1983，《生命的历程：化石——四百万年的见证者》，阿捷出版社。

A. 罗杰斯特文斯基，1960，《在戈壁沙漠追踪恐龙》，阿尔代姆·法雅出版社。

W. 斯托特，W. 瑟维斯，1982，《恐龙》，阿尔宾·米歇尔出版社。

M. 特威迪，1978，《恐龙世界》，达朗迪耶出版社。

J. Ph. 瓦兰，1980，《史前的故事》，赫希尔出版社。

## 专业研究著作

J. 奥波恩，R. 布鲁斯，J. P. 雷曼，1967，《地质学概论》，卷 2，《古生物学与地层学》，迪诺出版社。（1975，巴黎：博尔达斯出版社）

R. 巴克，1986，《恐龙的异端，关于恐龙的革新观点》，朗文出版社。

G. 博蒙，1971，《脊椎动物化石指南》，德拉绍与尼埃斯莱出版社。

R.T. 伯德，1985，《给巴纳姆·布朗的骨头，恐龙追踪者的探险》，得克萨斯基督教大学出版社。

E. 卡谢尔，1978，《伯尼萨特禽龙》，比利时皇家自然科学院。

A. J. 戴斯蒙德，1975，《热血恐龙》，布朗兹与布里格斯。

董枝明，1988，《中国恐龙》，大英（自然）博物馆，中国海洋出版社。

E.H. 科尔伯特，1984，《伟大的恐龙猎手与他们的发现》，多佛出版公司。

合辑，1987，《恐龙的过去与现在》，卷1—2，洛杉矶自然博物馆和华盛顿大学出版社。

合辑，1950，《古生物学论著》，J. 皮韦托主编，卷5，马松出版社。

D.F. 格吕，1982，《恐龙新词典》，奇塔德尔出版社。

A. 哈拉姆，1976，《地球科学的革命：从大陆漂移到板块构造论》，瑟伊出版社，科学观点系列。

J. 皮韦托，J.-P. 雷曼，C. 德沙索，1978，《古脊椎动物学概论》，马松出版社。

C. 波默罗，1975，《中生代地层学和古地理学》，杜万出版社。

A.S. 罗默，1966，《古脊椎动物学》，芝加哥大学出版社。

M. 施瓦尔兹巴赫，1985，《大陆漂移学之父魏格纳》，柏林，"一位学者，一个时代"系列。

R. 斯泰勒，1969—1970，《古生物学百科全书》，卷14（蜥臀目），卷15（鸟臀目），斯图加特和波特兰。

# 插图目录

**113 下右** 鳄鱼牙齿，同上。

**114** 图表：《恐龙遍布的法国》。

**116** 《人类诞生前的世界》封面，卡米耶·弗拉马里翁，巴黎，1886。

**117** G.德维的绘图，出处同上。

**118/119** 中生代的风景和动物，德国水彩画，1880。

**120/121** 同上。

**122** 复原暴龙。匈牙利布达佩斯国家博物馆。

**124/125** 电影海报《欧文·艾伦消失的世界》，根据阿瑟·柯南道尔的作品改编。

**126** 跳跃的暴龙，科里亚的绘图，收录于《恐龙追踪者》一书，隆巴尔出版社，巴黎。

**128/129** 科里亚的绘图，出处同前。

**130/131** 翼龙，出自电影《公园一百万年前》。

**132/133** 雷龙，同上。

**139** 原角龙，布鲁安的插图。

## 索引

# 感谢

　　我们对加拿大渥太华国家自然科学博物馆的伊莲·布里松女士，以及意大利威尼斯自然科学国民博物馆的利加波尔先生在本书编写过程中提供的帮助表示感谢。

吉林省版权局著作权合同登记
图字 07-2014-4419

图书在版编目（ＣＩＰ）数据

　　逝去的恐龙世界 ／（法）让－盖伊·米洽德著 ；谈佳译 . -- 长春 ：吉林出版集团股份有限公司，2020.12
　　（发现之旅）
　　ISBN 978-7-5581-9770-3

　　Ⅰ．①逝… Ⅱ．①让… ②谈… Ⅲ．①恐龙－普及读物 Ⅳ．① Q915.864-49

　　中国版本图书馆 CIP 数据核字（2022）第 003989 号


发现之旅
SHIQU DE KONGLONG SHIJIE
**逝去的恐龙世界**

著　　者：［法］让－盖伊·米洽德
译　　者：谈　佳
出版策划：齐　郁
责任编辑：金佳音
出　　版：吉林出版集团股份有限公司
　　　　　（长春市福祉大路 5788 号，邮政编码：130118）
发　　行：吉林出版集团译文图书经营有限公司
　　　　　（http://shop34896900.taobao.com）
电　　话：总编办 0431-81629909　　营销部 0431-81629880 / 81629881
印　　刷：长春新华印刷集团有限公司
开　　本：880mm×1230mm　1/32
印　　张：4.625
字　　数：180 千字
版　　次：2020 年 12 月第 1 版
印　　次：2020 年 12 月第 1 次印刷
书　　号：ISBN 978-7-5581-9770-3
定　　价：35.00 元

印装错误请与承印厂联系　电话：0431-86059099